BestMasters

Mit „BestMasters" zeichnet Springer die besten Masterarbeiten aus, die an renommierten Hochschulen in Deutschland, Österreich und der Schweiz entstanden sind. Die mit Höchstnote ausgezeichneten Arbeiten wurden durch Gutachter zur Veröffentlichung empfohlen und behandeln aktuelle Themen aus unterschiedlichen Fachgebieten der Naturwissenschaften, Psychologie, Technik und Wirtschaftswissenschaften. Die Reihe wendet sich an Praktiker und Wissenschaftler gleichermaßen und soll insbesondere auch Nachwuchswissenschaftlern Orientierung geben.

Springer awards "BestMasters" to the best master's theses which have been completed at renowned Universities in Germany, Austria, and Switzerland. The studies received highest marks and were recommended for publication by supervisors. They address current issues from various fields of research in natural sciences, psychology, technology, and economics. The series addresses practitioners as well as scientists and, in particular, offers guidance for early stage researchers.

Weitere Bände in der Reihe http://www.springer.com/series/13198

Kim Kellermann

Die Zukunft der Landwirtschaft

Konventioneller, gentechnikbasierter und ökologischer Landbau im umfassenden Vergleich

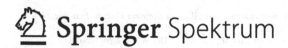

Springer Spektrum

Kim Kellermann
Eberhard Karls Universität Tübingen
Tübingen, Deutschland

ISSN 2625-3577   ISSN 2625-3615 (electronic)
BestMasters
ISBN 978-3-658-30358-7   ISBN 978-3-658-30359-4 (eBook)
https://doi.org/10.1007/978-3-658-30359-4

Die Deutsche Nationalbibliothek verzeichnet diese Publikation in der Deutschen National-
bibliografie; detaillierte bibliografische Daten sind im Internet über http://dnb.d-nb.de abrufbar.

Springer Spektrum ist ein Imprint der eingetragenen Gesellschaft Springer Fachmedien Wiesbaden
GmbH und ist ein Teil von Springer Nature.
Die Anschrift der Gesellschaft ist: Abraham-Lincoln-Str. 46, 65189 Wiesbaden, Germany

Danksagung

Ich möchte mich ganz herzlich bei all denjenigen bedanken, die mich während der Anfertigung dieser Arbeit unterstützt und motiviert haben.

Zuerst gebührt mein Dank Herrn Prof. Dr. Klaus Harter, der meine Arbeit betreut und begutachtet hat. Für die hilfreichen Anregungen bei der Einfindung in das Thema und die konstruktive Kritik bei der Erstellung dieser Arbeit möchte ich mich herzlich bedanken. Vielen Dank, dass Sie mir den Mut zur Veröffentlichung zugesprochen haben.

Ein besonderer Dank gilt meinem Ehemann, der mir mit viel Geduld zur Seite stand und mir mit seinem Interesse zur Idee der Verfassung dieser Arbeit verholfen hat.

Daneben gilt mein Dank meiner Mutter, welche in zahlreichen Stunden Korrektur gelesen hat und mich immer wieder mit aufmunternden Worten unterstützte.

Inhaltsübersicht

Inhaltsverzeichnis

A. Abbildungsverzeichnis

B. Tabellenverzeichnis

1 Anliegen

Die Landwirtschaft steht weltweit vor immer schwierigeren Herausforderungen. Neue Krankheitserreger und immer schwerere Klimaverhältnisse erschweren die ausreichende Nahrungsmittelproduktion für unsere ständig wachsende Gesellschaft. Die Erträge sollen gesteigert werden, während die Blicke immer stärker auf die Umweltproblematiken der landwirtschaftlichen Praktiken gerichtet werden. Durch den hohen Pestizideinsatz in der Landwirtschaft werden immer mehr Böden verseucht und degradiert. Außerdem werden dadurch Umwelt sowie auch unsere Gesundheit gefährdet. Längst ist der Landwirt kein angesehener Beruf mehr. Klimatische Veränderungen und die damit verbundene Wasserknappheit, Wüstenbildung sowie extreme Wetterereignisse tragen zur Sorge über die zukünftige Ernährung der Weltbevölkerung bei. Um die globale Ernährung auch in der Zukunft sicherzustellen, werden neue Anbaumethoden immer dringender benötigt. Gentechnisch veränderte Pflanzen (GVPs) sind diesbezüglich ein vielversprechender Ansatz. Durch gezielte Veränderungen des Erbguts kann beispielsweise der Ertrag einer Pflanze gesteigert oder auch Herbizidtoleranzen und Krankheitsresistenzen in die Pflanzengenome eingebaut werden, was zu geringerem Pestizideinsatz, positiven Umweltaspekten und einer besseren Anpassung an bestimmte Bedingungen führen kann. Jedoch äußern Kritiker große Bedenken im Hinblick auf unvorhersehbare Umwelt- und Gesundheitsauswirkungen, sodass der Einsatz der genmodifizierten Pflanzen in den USA oder Argentinien mit großer Besorgnis betrachtet wird. Viele befürchten die unkontrollierte Ausbreitung der „Super-Pflanzen", und besonders in Deutschland wird ihr Einsatz meist stark abgelehnt. Die damit verbundene Verteufelung von großen Chemiekonzernen wird besonders von Umweltorganisationen unterstützt. Als eine umweltschonende Landwirtschaftsform hat sich im Gegenzug der Ökolandbau etabliert. Er bietet eine nachhaltige Alternative zur konventionellen

© Springer Fachmedien Wiesbaden GmbH, ein Teil von Springer Nature 2020
K. Kellermann, *Die Zukunft der Landwirtschaft*, BestMasters,
https://doi.org/10.1007/978-3-658-30359-4_1

Landwirtschaft, mit welcher eine fortschreitende Bodendegradation verhindert werden soll. Außerdem gilt er durch geringere Pestizidbelastungen als gesünder und umweltfreundlicher, da er eine größere Pflanzen- und Tiervielfalt ermöglicht und natürliche Lebensräume besser erhält. Immer mehr Konsumenten steigen auf Bio-Produkte um, um der Umwelt und der eigenen Gesundheit etwas Gutes zu tun. Supermärkte entwickeln eigene Bio-Labels und das „ohne Gentechnik"-Siegel wird immer beliebter. Doch sind Bio-Lebensmittel tatsächlich besser als konventionelle Produkte? Und stellen transgene Pflanzen tatsächlich ein nicht absehbares Risiko für unsere Umwelt dar? Oftmals ist nicht-fundiertes Halbwissen ein großes Problem, denn so können Gerüchte leicht verbreitet werden. Viele Gegner schüren Ängste gegen gentechnisch veränderte Pflanzen oder machen auf Pestizidvergiftungen in der Umwelt aufmerksam, um die positiven Seiten des ökologischen Landbaus hervorzuheben und auf diese Weise mehr Unterstützer für diesen zu gewinnen. Jedoch gibt es Meinungsverschiedenheiten, ob der weltweite Nahrungsbedarf mithilfe des Ökolandbaus gedeckt werden könnte. Das Ziel dieser Arbeit ist eine ausführliche Aufklärung über die verschiedenen Landwirtschaftsformen. So werden alle drei Formen der Landwirtschaft mit ihren Vor- und Nachteilen genauer dargestellt: Zunächst die konventionelle Landwirtschaft mit ihren derzeitigen Methoden zu Zucht und Anbau, dann die Möglichkeit der gentechnischen Veränderung von Pflanzen, und zuletzt die ökologische Landwirtschaft. Im ersten Kapitel werden zunächst einige Zahlen genannt, welche die Problematik der steigenden Weltbevölkerung und der zukünftigen Ernährungssicherung genauer darstellen. Außerdem werden einige Statistiken gezeigt, welche einen Überblick über den Anteil der jeweiligen Landwirtschaftsformen geben. So wird schnell deutlich, wie dominant die konventionelle Landwirtschaft noch immer ist. Trotz der steigenden Zahlen im Anbau von genmodifizierten Pflanzen und dem derzeitigen „Bio-Boom" sind diese beiden Formen doch verhältnismäßig noch sehr wenig vertreten. Um ein besseres Verständnis für die Risiken zu erlangen, werden in den einzelnen Kapiteln für jede Landwirtschaftsform die wichtigsten Herstellungswege und Zuchtmethoden vorgestellt. Hier wird schnell klar, wie ungenau und manchmal auch willkürlich die Trennung zwischen den drei Bereichen ist. Die Grenzen zwischen Gentechnik und konventioneller Züchtung verschwimmen zunehmend, und tatsächlich sind einige im Ökolandbau gestattete Zuchtmethoden durchaus als unsicherer einzustufen als manch gentechnische Veränderung. Anschließend werden für jede Landwirtschaftsform und deren Handlungsroutinen ausführlich die Chancen sowie die Gefahren und Risiken erörtert. Außerdem wird auf die gesundheitlichen Aspekte von Nahrungsmitteln jeder Anbauform eingegangen, welche bei der Kaufentscheidung vieler Konsumenten eine bedeutende Rolle spielen. So wird beispielsweise das Essen genmodifizierter Pflanzen oftmals als gefährlich betrachtet, während Bio-Lebensmittel als grundsätzlich gesünder gelten. Zuletzt folgt ein Fazit mit Blick auf die Frage, welche Methode für Anbau und Züchtung am geeignetsten oder vielversprechendsten ist zur (zukünftigen) Ernährungssicherung der steigenden Weltbevölkerung, gleichzeitig die nachhaltigste Form mit möglichst geringen Schäden für Umwelt und Klima darstellt und zuletzt auch eine gesunde Ernährung für den Menschen bietet. Bereits jetzt lässt sich wohl schon sagen, dass dies kein einfaches Fazit wird und keine der drei Landwirtschaftsformen als in allen Bereichen perfektioniert angesehen werden kann.

2 Zahlen und Fakten

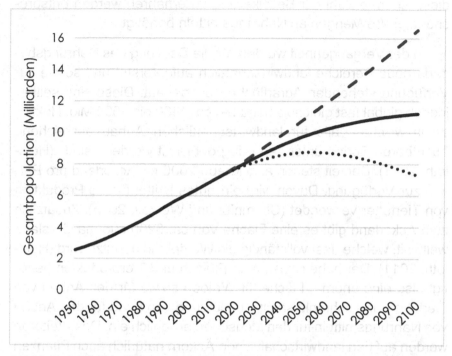

Abbildung 1: Weltbevölkerung von 1950-2015 sowie mittlere, hohe und niedrige Variante der Vorhersage von 2015-2100 (erstellt nach United Nations, 2017)

Derzeit leben knapp 7,7 Milliarden Menschen auf der Erde (Deutsche Stiftung Weltbevölkerung, 2019). Im Jahr 2015 waren es nur 7,3 Milliarden (United Nations, 2015). Die UN berichtet in ihrem Report von 2015 einen jährlichen Zuwachs um 1,18 Prozent, was einer Anzahl von 83 Millionen Menschen entspricht – ein jährlicher Anstieg, der über der gesamten Bevölkerung Deutschlands liegt. Die Weltbevölkerung wird nach diesen Berechnungen um mehr als eine Milliarde Menschen innerhalb der nächsten 15 Jahre wachsen. 2050 könnte sie dann auf 9,7 Milliarden, und 2100 bereits auf 11,2 Milliarden Menschen weltweit angestiegen sein (siehe Abb. 1). Um

© Springer Fachmedien Wiesbaden GmbH, ein Teil von Springer Nature 2020
K. Kellermann, *Die Zukunft der Landwirtschaft*, BestMasters,
https://doi.org/10.1007/978-3-658-30359-4_2

diese enorme Zahl der Bevölkerung zu ernähren werden entsprechend große Mengen an Nahrungsmitteln benötigt.

In der Vergangenheit wurden für die Deckung des Nahrungsbedarfs neue Bereiche landwirtschaftlich aufgeforstet und so die zur Verfügung stehenden Agrarflächen ausgebaut. Diese sind seither jedoch global fast gleichbleibend bei ca. 1400 bis 1500 Mio. Hektar, da inzwischen „alle für landwirtschaftlichen Anbau ausreichend fruchtbaren Böden unter den Pflug gebracht worden'" sind (Heinloth, 2011). Derzeit stehen also knapp 2000 m^2 Ackerland pro Person zur Verfügung. Davon wird ein gutes Drittel für die Produktion von Tierfutter verwendet (Chemnitz und Weigelt, 2015). Zusätzlich zum Ackerland gibt es eine Fläche von ca. 3200 Mio. ha Grasland weltweit, welche „fast vollständig als Weideland genutzt" wird (Heinloth, 2011). Der hohe Konsum an Fleisch und Tierprodukten benötigt also eine enorme Fläche für Weiden sowie für den Anbau von Tierfutter, und schränkt somit die Nutzung von Land für den Anbau von Nahrungsmitteln für den Menschen erheblich ein. Des Weiteren werden auf den landwirtschaftlichen Äckern natürlich auch Pflanzen für erneuerbare Energien sowie zur Fasergewinnung für die Herstellung von Kleidung angebaut. Das andauernde Bevölkerungswachstum wird die momentan zur Verfügung stehende pro-Kopf-Fläche mit den Jahren noch stark reduzieren. Mit 9,7 Mio. Menschen im Jahr 2050 wären nur noch 1550 m^2 verfügbare landwirtschaftliche Anbaufläche pro Person verfügbar, 2100 nur noch 1340 m^2. Dies erfordert eine stetige und extreme Steigerung des landwirtschaftlichen Ertrags, um den globalen Nahrungsbedarf zu decken. Dies zu bewerkstelligen ist die Herausforderung der modernen Landwirtschaft.

Die verschiedenen landwirtschaftlichen Zucht- und Anbaumethoden sind je nach Land unterschiedlich erfolgreich und werden
mehr oder weniger häufig vertreten. Immer mehr neue Methoden
zur Pflanzenzucht werden gefunden, welche unterschiedlich Akzeptanz finden. So ist der Anbau von genmodifizierten Pflanzen (GVPs)
– wie in Abbildung 2 ersichtlich – seit seinem Beginn 1996 stetig
gestiegen. 2014 lag die weltweite Fläche bei 181,5 Mio. ha. Von
2013 auf 2014 ist die Anbaufläche um 6,3 Mio. ha gestiegen, was
einen Gesamtanstieg von 3-4% ausmacht.

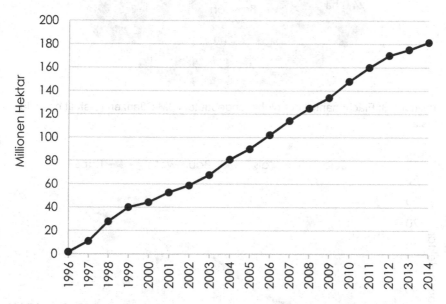

Abbildung 2: Globale Anbaufläche von GM-Pflanzen, 1996 bis 2014 in Mio. ha
(erstellt nach James, 2014)

Dennoch werden transgene Pflanzen bisher hauptsächlich in nur
fünf Ländern angebaut: An erster Stelle steht die USA mit 73,1 Mio.
ha GVP-Anbaufläche, gefolgt von Brasilien mit 42,2 Mio. ha. Zu den
Top fünf gehören außerdem Argentinien mit 24,3 Mio. ha sowie Indien und Kanada mit jeweils 11,6 Mio. ha (siehe Abb. 3). In vielen

anderen Ländern, darunter auch Deutschland, ist der Anbau von
GVPs bislang verboten.

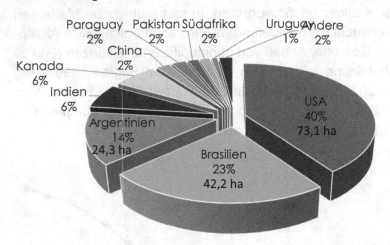

Abbildung 3: Flächenanteil der global angebauten GM-Pflanzen (erstellt nach James 2014)

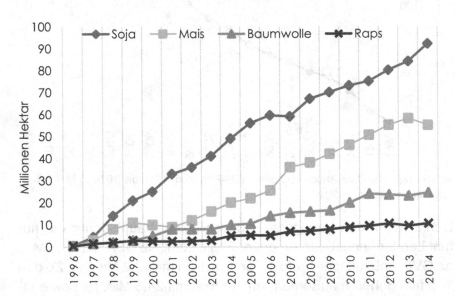

Abbildung 4: Globale Anbaufläche von GM-Pflanzen, 1996 bis 2014 in Mio. ha
(erstellt nach James, 2014)

Wie Abbildung 4 zeigt, ist die momentan am häufigsten angebaute genmodifizierte Pflanze die Sojabohne. Sie nimmt 50% der gesamten Anbaufläche von GVPs ein. Die zweithäufigste transgene Pflanze ist der Mais, welcher 30% aller GVP-Felder einnimmt. Es folgen Baumwolle, Raps, Zuckerrüben, Luzernen und Papayas. Auf nur 1% aller GVP-Anbauflächen werden andere Pflanzenarten angebaut (James, 2014).

Die oben dargestellten Daten zeigen, dass dem Anbau von transgenen Pflanzen eine immer größere Bedeutung zukommt. Es wird aber auch deutlich, wie umstritten die hier eingesetzten Methoden sind. Weltweit decken lediglich zehn Länder 98% des gesamten Anbaus von GVPs. Die Vereinigten Staaten alleine bauen 40% aller genmodifizierten Pflanzen weltweit an. In anderen Ländern dagegen wird der Anbau von transgenen Pflanzen teilweise gänzlich abgelehnt. Der Verbraucherschutz der Bundesregierung Deutschland gibt auf seiner Webseite die eindeutige Information, dass seit 2012 keine gentechnisch veränderten Pflanzen in Deutschland angebaut werden (Presse- und Informationsamt der Bundesregierung, 2013). Grundsätzlich gibt es in Deutschland außerdem eine Kennzeichnungspflicht für Lebensmittel, welche mehr als 0,9% Bestandteile aus gentechnisch veränderten Pflanzen enthalten. Jedoch wird eingeräumt, dass Produkte von Tieren, welche gentechnisch veränderte Futtermittel erhalten haben, nicht gekennzeichnet werden müssen. Europaweit werden für Tierfutter rund 35 Mio. Tonnen gentechnisch veränderte Pflanzen, vor allem Sojabohnen, importiert (ebd.).

Auch die ökologische Landwirtschaft gewinnt weltweit immer mehr Zustimmung. Dies ist an ihrem stetigen Wachstum erkennbar: Seit 1990 hat sich die biologische Anbaufläche beinahe verfünffacht, und sie wächst weiter. Von 2014 auf 2015 ist sie um eine Fläche von 6,5 Mio. ha gestiegen, ein Anstieg um fast 15% (siehe Abb. 5).

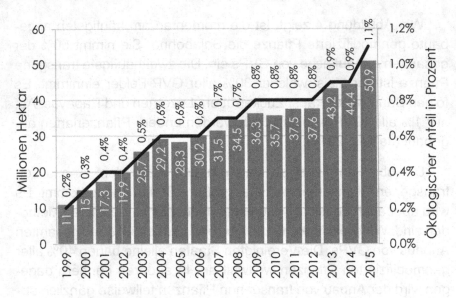

Abbildung 5: Wachstum der ökologischen Anbaufläche 1999-2015 (erstellt nach Willer und Lernoud, 2017)

Derzeit werden 50,9 Mio. ha Agrarland weltweit nach ökologischen Standards bewirtschaftet (Willer und Lernoud, 2017). Davon sind jedoch 33,1 Mio. ha, also fast zwei Drittel, Graslandschaft (ebd.). Damit liegt das tatsächliche Ackerland bei nur einem Drittel des gesamten ökologischen Agrarlandes, nämlich bei 17,8 Mio. ha. Dies entspricht einem Gebiet von lediglich 1,1% der gesamten weltweiten Agrarfläche (siehe Tabelle 1). Das Land mit der größten Bio-Anbaufläche ist Ozeanien mit 22,8 Mio. ha und 45% des gesamten globalen Bio-Anbaus (siehe Abb. 6). Europa hat die zweitgrößten Gebiete mit 12,7 Mio. ha, was 25% der weltweiten Fläche des ökologischen Anbaus ausmacht.

Tabelle 1: Verteilung von biologischen Anbauflächen 2015 (erstellt nach Willer und Lernoud, 2017)

Region	Ökologische Agrarfläche [ha]	Anteil Gesamt Agrarfläche
Afrika	1.683.482	0,1%
Asien	3.965.289	0,2%
Europa	12.716.989	2,5%
Lateinamerika	6.744.722	0,9%
Nordamerika	2.973.886	0,7%
Ozeanien	22.838.513	5,4%
Gesamt*	50.919.006	1,1%

* Gesamtfläche mit Korrekturwert für französische Überseegebiete

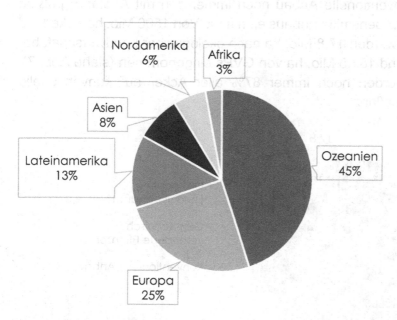

Abbildung 6: Bio-Anbauflächen - Gesamtfläche und Prozent zu allen landwirtschaftlichen Anbauflächen nach Region im Jahr 2015 (erstellt nach Willer und Lernoud, 2017)

In Deutschland liegt die Fläche des ökologischen Anbaus nach EU-Rechtsvorschriften bei 1.251.320 ha, was ca. 7,5% der gesamten landwirtschaftlichen Fläche Deutschlands entspricht (Bundesministerium für Ernährung und Landwirtschaft (BMEL), 2017a). Das sind insgesamt 27.132 Bio-Betriebe mit rund 76.000 angemeldeten Bio-Produkten (ebd.). Damit gehört Deutschland zu den Vorreitern der ökologischen Landwirtschaft. Jedoch gibt es einige Länder, die noch weitaus höhere Werte erreichen. An erster Stelle steht Lichtenstein mit 30,2% ökologischem Anbau, gefolgt von Österreich mit 21,3%. Weltweit nimmt Deutschland Platz 24 der Länder mit dem höchsten Anteil an ökologischer Landwirtschaft ein.

Mit den vorliegenden Daten über die Häufigkeit von GVPs sowie ökologischer Bewirtschaftung wird schnell deutlich, dass der traditionell-konventionelle Anbau noch immer den mit Abstand größten Teil des Lebensmittelanbaus einnimmt. Von 1500 Mio. ha Ackerland weltweit werden 17,8 Mio. ha nach ökologischer Landwirtschaft betrieben und 181,5 Mio. ha von GVPs eingenommen (siehe Abb. 7). Damit werden noch immer 87% aller Äcker auf konventionelle Weise bepflanzt.

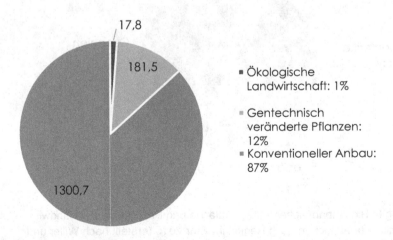

Abbildung 7: Flächenanteile in der Landwirtschaft in Mio. ha

Bezüglich der zukünftigen Welternährung berichten Ray et al. (2013), dass sich die landwirtschaftliche Produktion bis 2050 um das Doppelte steigern müsste, um den prognostizierten Bedarf an Nahrung und Biokraftstoffen zu decken. Die Wissenschaftler haben sich die Änderungen der Ernteerträge von Mais, Reis, Weizen und Soja angeschaut. Diese vier Pflanzen produzieren zusammen rund zwei Drittel der derzeit weltweit durch Pflanzen bereit gestellten Kalorien. Doch auch wenn der momentane Anstieg andauert, wird lediglich eine Steigerung um je ~67%, ~42%, ~38% und ~55% bis 2050 möglich sein (ebd.). Die erreichten Zahlen sind damit nicht ausreichend, um den prognostizierten Bedarf zu decken. Abbildung

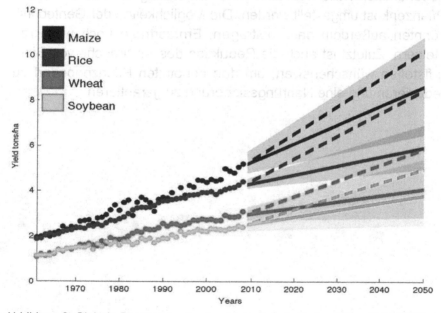

Abbildung 8: Globale Prognosen. Beobachtete globale Ernteerträge 1961-2008 (Punkte) und Prognosen bis 2050 dargestellt durch durchgezogene Linien. Schattenobergrenzen zeigen optimistisches Szenario, Untergrenzen „worst-case" Szenario. Die gestrichelten Linien zeigen die notwendigen Ertragssteigerungen. (Ray et al., 2013)

8 zeigt die bisherigen Ertragssteigerungen und die gemittelten Prognosen bis 2050, welche mit den durchgezogenen Linien dargestellt sind. Die gestrichelten Linien dagegen zeigen den benötigten Ernteanstieg an, welcher in allen vier Fällen über der prognostizierten Steigerung liegen. Schatten zeigen mögliche Schwankungen vom optimistischen Szenario bis hin zum schlimmsten Fall. Schnell wird deutlich, dass selbst unter besten Umständen der vorausgesagte Bedarf nicht gedeckt werden kann.

Dennoch gibt es noch Möglichkeiten, Ernteerträge zu steigern, beispielsweise durch eine effektivere Nutzung der derzeit verfügbaren Ackerflächen. So müssen Anbaupraktiken vielerorts verbessert, Lebensmittelabfälle reduziert und Ernährungsweisen auf mehr Pflanzenkost umgestellt werden. Die Möglichkeiten der Gentechnik könnten außerdem dazu beitragen, Ernteerträge noch weiter zu steigern. Zuletzt ist auch die Reduktion des Verbrauchs von Biokraftstoffen wünschenswert, um den benötigten Pflanzenbedarf zu reduzieren und eine Nahrungssicherung zu garantieren.

3 Konventionelle Landwirtschaft

Seit Jahrhunderten werden unsere heute angebauten Kulturpflanzen gezüchtet, sodass sie mehr und mehr den Wünschen der Menschen entsprechen. Durch Kreuzungen und Selektion werden die Erträge erhöht sowie die Performanz der Pflanzen auf dem Feld verbessert. Jedoch sind die Wege zur Herstellung neuer Sorten sehr aufwändig und langwierig. Die Auswahl der passenden Pflanzen kann erst nach mehreren Generationen erfolgen. Sie werden oft nach ihrem Phänotyp (Erscheinungsbild) ausgewählt, sodass bei Tests auf freiem Feld häufig unerwünschte Nebeneffekte auftreten. Heutige Sorten sind so domestiziert, dass sie ohne Hilfe der Landwirte in der freien Natur nicht überleben würden. Daher sind Düngung und Bearbeitung des Bodens unbedingt notwendig, genauso wie Pflanzenschutzmittel. Diese wiederum können auf die Umwelt und Biodiversität erheblichen Schaden ausüben. Die intensive Landwirtschaft hat enorme Effekte auf unsere Natur. Der großflächige Anbau von Nahrungsmitteln in Monokulturen hat unsere Landschaft irreversibel verändert. Doch ist eine Ernährungs-sicherung aller Menschen der Erde ohne sie nicht mehr vorstellbar. Bereits heute haben laut World Food Programme (2017) 795 Millionen Menschen auf der Welt nicht genug zu essen. Bisher ist es jedoch eher ein Verteilungsproblem als ein Mangel an verfügbaren Nahrungsmitteln. Dies kann sich jedoch in den nächsten Jahrzehnten ändern. Wie in Kapitel 2 beschrieben wächst unsere Weltbevölkerung rasant, und die Züchtung von ertragreicheren Sorten wird immer schwieriger und scheint verhältnismäßig nicht schnell genug voranzukommen. Dieses Kapitel befasst sich mit den Verfahren und Handlungsroutinen der konventionellen Landwirtschaft und zeigt die an vielen Stellen vorhandenen Problematiken auf.

© Springer Fachmedien Wiesbaden GmbH, ein Teil von Springer Nature 2020
K. Kellermann, *Die Zukunft der Landwirtschaft*, BestMasters,
https://doi.org/10.1007/978-3-658-30359-4_3

3.1   Zuchtmethoden

Seit jeher haben Menschen unbewusst Pflanzen gezüchtet, indem sie die ertragsreichsten oder geschmacklich besten Pflanzen für die nächste Ernte ausgewählt haben. Diese **Auslesezucht** wurde aber schon seit Langem mit verbesserten Methoden zur spezifischen Kreuzung bestimmter Pflanzen erweitert. Bei der Züchtung von neuen Pflanzensorten ist an erster Stelle die klassische Züchtung zu nennen. Bei der klassischen Züchtung werden die verschiedenen Sortentypen dem Vermehrungsprozess zugeordnet, nach welchem das jeweilige Saatgut erzeugt wird (Becker, 1993). Die verschiedenen Vermehrungssysteme – Fremdbefruchtung, Selbstbefruchtung oder vegetative Vermehrung – verlangen unterschiedliche Zuchtmethoden: Populationszüchtung, Linienzüchtung oder Klonzüchtung. Weiterhin hat der Mensch eine vierte Sorte hinzugefügt, die Hybridsorten, welche durch künstliche Kreuzung zwischen zwei Linien erreicht wird (ebd.). Die verschiedenen Sortentypen werden in Abbildung 9 und Tabelle 2 zusammenfassend dargestellt.

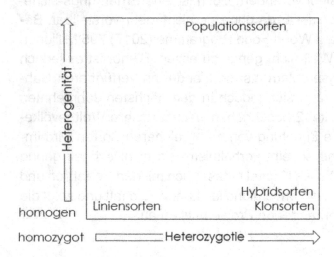

Abbildung 9: Genetische Struktur der Sortentypen nach Schnell 1982 (erstellt nach Becker, 1993)

Tabelle 2: Fortpflanzungssystem, Vermehrungsweise und Sortentyp (erstellt nach Becker, 1993)

Natürliche Fortpflanzungsweise	Vermehrungs- prozess	Sortentyp
Asexuelle Fortpflanzung	Vegetative Vermehrung	Klonsorte
Selbstbefruchtung	Selbstbefruchtung	Liniensorte
	Kontrollierte Kreuzung von Erbkomponenten	Hybridsorte
Fremdbefruchtung	Offenes Abblühen	Populations- sorte

Bei der **Linien-** und **Populationszucht** werden vereinfacht dargestellt zwei ausgewählte Elternteile oder eben ganze Populationen miteinander gekreuzt und diejenigen Nachkommen mit den gewünschten Eigenschaften ausgewählt. Die Zucht der passenden Pflanzen erfolgt über mehrere Generationen, sodass am Ende ausschließlich die positiven Eigenschaften erhalten bleiben, während alle negativen Merkmale ausgekreuzt wurden. So entsteht eine Sorte mit neuen Eigenschaftskombinationen. Die Selektion der erwünschten Nachkommen ist sehr aufwändig und die Zucht kann mehrere Jahrzehnte dauern. Bei der **Klonzüchtung** wird eine normalerweise vegetative Vermehrung durch sexuelle Kreuzung unterbrochen (Diepenbrock et al., 2009). Dabei werden die Eigenschaften zweier geeigneter Elternpflanzen vermischt und genetische Variationen in den Nachkommen erzeugt. Die Nachkommen werden wiederum vegetativ vermehrt und in mehreren Selektionsschritten entsprechend der Zuchtziele ausgewählt. Neuere Methoden ermöglichen inzwischen eine schnellere Selektion der Nachkommen über Genomanalysen, beispielsweise über markergestützte Selektion oder TILLING. Dadurch können diejenigen Nachkommen bestimmt werden, welche das gewünschte Gen mit der Eigenschaft des Zuchtziels besitzen, ohne den Phänotyp der adulten Pflanze abwarten zu müssen. Bei allen genannten Zucht-verfahren wird durch Kreuzung das gesamte Erbgut der Pflanzen miteinander vermischt, wodurch häufig Pflanzen mit ganz neuen Merkmalskombinationen entstehen. Die negativen Eigenschaften müssen folglich in vielen Rückkreuzungen wieder entfernt werden. Besonders wünschenswert für den Züchter sind Sorten mit hoher Homogenität, bei welchen alle Pflanzen dieselben erwünschten Merkmale aufweisen (Becker, 1993). Nur bei Populationssorten ist eine große Population mit hoher Heterogenität notwendig, da es sonst zur Inzuchtdepression kommt (ebd.). Becker (1993) erklärt: *„Die ideale Kombination von Heterozygotie und Heterogenität liegt in homogenen Sorten mit heterozygoten Pflanzen"*. Solche Pflanzen zu erreichen ist bei vegetativer Vermehrung einfach, während es bei sexueller Vermehrung es mithilfe der vierten Methode erreicht werden kann: der Zucht von **Hybridsorten**. Hierbei wird der Effekt der **Heterosis** ausgenutzt: Wenn die Nachkommen in der F_1-Generation eine höhere Leistung aufweisen als die durchschnittliche Leistung der Kreuzungseltern, wird der Leistungsunterschied Heterosis genannt (Diepenbrock et al., 2009). Die entstandenen Hybriden sind besonders leistungsfähig, wenn die Eltern vollständig homozygot sind (Inzuchtlinien) und sich genetisch stark voneinander unterscheiden (Becker, 1993). Es ist somit quasi die Kehrseite der Inzuchtdepression, welche bei einer weiteren Kreuzung der Hybriden eintritt. Das Saatgut der Hybriden kann deshalb nicht weiter angebaut werden, sondern die Hybriden müssen immer wieder neu durch Kreuzungen der Elternpflanzen erstellt werden. Bei manchen Arten kann die Erzeugung der Hybriden ganz einfach über Handkreuzungen erreicht werden, z.B. beim Mais (ebd.). Bei anderen Arten wäre das sehr mühsam, daher muss zunächst eine Selbstung verhindert werden, beispielsweise über chemische Kastration oder genetische Mechanismen. Chemische Kastration kann zum Beispiel über chemische Gametozide – Substanzen, welche zu männlicher Sterilität führen –

erreicht werden (Diepenbrock et al., 2009). Jedoch wurden bisher noch keine 100% befriedigenden Substanzen gefunden, welche vollkommene Sterilität ermöglichen und dabei keine unerwünschten Nebenwirkungen verursachen. So sind viele mögliche Gametozide hoch toxisch für den Menschen und daher nicht verwendbar (Becker, 1993). Alternativ gibt es einige genetische Mechanismen, welche für eine Pollensterilität sorgen, jedoch müssen hierfür zunächst Pflanzen mit solchen Mutationen auftreten oder die entsprechenden Gene aus anderen Arten oder sogar Gattungen übertragen werden (Diepenbrock et al., 2009). Dafür sind dann wieder neuere Zuchtmethoden der Biotechnologie notwendig, welche artübergreifende Kreuzungen ermöglichen. Probleme können auftreten, wenn auch die Hybrid-Nachkommen pollensteril sind, da oftmals die generativen Pflanzenteile geerntet werden.

Die klassischen Zuchtmethoden sind im Allgemeinen begrenzt auf diejenigen Merkmale, welche auch in der jeweiligen Art auftreten. Zwar können die vorhandenen Allele immer wieder neu rekombiniert werden, wenn aber das gewünschte Merkmal nicht in der Art vorkommt, steht die Zucht vor einem Problem. Dementsprechend wurde die **Mutationszüchtung** entwickelt, welche zu neuen Mutationen und damit zu einer erhöhten genetischen Variation in einer Art führt. Spontane Mutationen kommen auch natürlich vor, allerdings in sehr geringem Ausmaß. Stattdessen kann der Züchter die Anzahl der Mutationen durch mutagene Agenzien erhöhen. Die älteste Methode ist die Bestrahlungsmutagenese durch Röntgenstrahlen, aber auch Neutronen haben sich als wirkungsvoll erwiesen (Kuckuck et al., 1985). Weiterhin sind viele Chemikalien mit mutagener Wirkung bekannt, besonders Ethylmethansulfonat (EMS) wird heutzutage häufig verwendet (ebd.). Da die Mutationen jedoch ungerichtet ablaufen, werden auch viele negative Veränderungen bewirkt. Folglich sind viele Rückkreuzungen und eine intensive Selektion notwendig, um die unerwünschten Mutationen wieder zu entfernen. Wichtig an dieser Stelle ist zu betonen, dass die Mutationen rein zufällig und an willkürlichen Stellen im Genom entstehen. Die anschließende Selektion der Pflanzen geschieht oft über den Phänotyp, sodass die genauen Änderungen unbekannt bleiben. Einige Mutationen können dabei unbemerkt bleiben, wie etwa Punktmutationen in nicht-kodierenden DNA-Abschnitten. Während manchmal lediglich einzelne Gene verändert werden (Genmutationen), verändern Chromosomenmutationen und Genommutationen große Genblöcke oder sogar die Anzahl der vorhandenen Chromosomen. Dennoch muss beachtet werden, dass sehr viele unserer Kulturpflanzen über Mutationszüchtung entstanden sind. Viele Züchter sehen zudem die Zucht durch Mutation bei manchen Sorten als erforderlich an, nämlich *„wenn eine Sorte in allen Eigenschaften genau so erhalten werden muss und trotzdem einige wenige oder nur ein Gen verändert werden soll"* (Diepenbrock et al., 2009). Beim Wein beispielsweise ist es wichtig, den sortentypischen Geschmack zu wahren, welcher bei einer Kreuzung verloren ginge (ebd.).

Neben der Gentechnik ermöglichen auch neue Züchtungsmethoden der Biotechnologie eine Überwindung von Kreuzungs-barrieren. So können weit entfernt verwandte Arten manuell oder in vitro befruchtet werden. Doch auch wenn die Befruchtung erfolgreich war, stirbt der gebildete Embryo oftmals ab (Diepenbrock et al., 2009). Durch eine **Embryokultur** kann postzygotischen Barrieren entgegengewirkt werden. Dabei wird der Embryo frühzeitig aus dem Fruchtkörper herauspräpariert und in vitro zur vollständigen Pflanze weiterentwickelt (Bayrische Landesanstalt für Landwirtschaft (LfL), 2006). Auf diese Art wurde beispielsweise der heute vielfach angebaute Hybrid aus Weizen (*Triticum*) und Roggen (*Secale*), der *Triticale*, gezüchtet (Eudes, 2015), welcher somit einen Extremfall der Bastardierung darstellt. Die **Protoplastenfusion** ist eine weitere –

präzygotische – biotechnologische Methode, welche die Möglichkeiten der klassischen Zucht erweitert. Über die Fusion von Protoplasten ist es auch ohne Gentechnik möglich, Hybride aus unterschiedlichen, nicht sexuell kompatiblen Pflanzenarten zu bilden.
Dabei werden zuerst zellwandlose Pflanzenzellen, die Proto-plas-
ten, über enzymatischen Abbau der Zellwand hergestellt (Sengbusch, 1996-2004). Diese können dann über elektrische Impulse o-
der Detergenzien wie PEG (Polyethylenglycol) fusioniert werden
(ebd.). Protoplasten können entweder aus somatischen Zellen (z.B.
Blattzellen) isoliert oder über Antherenkulturen gewonnen werden.
Die Antheren (Staubbeutel) einer Blüte enthalten die haploiden
männlichen Samenzellen aus der Meiose. Eine weitere hilfreiche
Entdeckung war Colchizin, das Gift der Herbstzeitlosen, durch welches haploide Zellen homozygot diploid werden, was bedeutet,
dass der Phänotyp dem Genotyp entspricht (Bayrische LfL, 2006).
Somit wird die Selektion von Pflanzen mit den gewünschten (auch
rezessiven) Eigenschaften erleichtert. Von den ausgewählten Pflanzen können dann die haploiden Protoplasten zur Fusionierung verwendet werden. Die Verwendung von haploidem Ausgangsmaterial
ist wichtig, da der Chromosomensatz nach der Fusionierung ver-
doppelt wird. Zwar ist die Regeneration von Hybriden aus nicht
kreuzbaren Arten schwierig, aber möglich.

Die vorgestellten Methoden der Biotechnologie bilden die
Grenze des Übergangs zur Gentechnologie. Abbildung 10 zeigt
eine Einteilung der Pflanzenzuchtmethoden. Demnach ist die Übertragung von arteigenen Genen oder Genen kreuzbarer Arten konventioneller Gentransfer, während Genüber-tragung zwischen nicht
kreuzbaren Arten sowie technischer Transfer der Gentechnik zuzuordnen sind. Wenn man nun jedoch die Protoplastenfusion einord-
net, wäre diese zweifellos auf der Seite der Gentechnik, da Gene
über die Artgrenze hinaus übertragen werden. Die Cisgenese dagegen beinhaltet die Übertragung von ausschließlich arteigenen

Genen, jedoch mit Hilfe von technischem Gentransfer. Daher gelten cisgene Pflanzen als gentechnisch veränderte Pflanzen, während Sorten aus Protoplastenfusionen zur konventionellen Biotechnologie eingeteilt werden. Die Unsinnigkeit einer solchen Einteilung wird deutlich – so sollten Pflanzen nicht danach eingeteilt werden, ob bei ihrer Herstellung technische Methoden verwendet wurden oder nicht, sondern nach dem Risiko, welches durch die endgültige Pflanze entsteht. So scheinen cisgene Pflanzen sehr viel sicherer zu sein als Protoplastenfusionen. Dennoch ist die Zucht durch Protoplastenfusion in Deutschland zugelassen, die durch Cisgenese jedoch nicht.

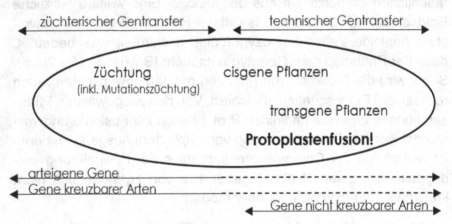

Abbildung 10: Molekulare Modifizierung pflanzlicher Genome (verändert nach Müller-Röber, 2008)

3.2 Chancen

Die Chancen der konventionellen Landwirtschaft liegen vor allem in der Vergangenheit. Die Methoden der intensiven Landwirtschaft haben große Fortschritte mit sich gebracht, jedoch scheinen

die Verbesserungsmöglichkeiten inzwischen fast vollständig ausgeschöpft zu sein. Um die enormen Fortschritte aufzuzeigen, welche
in diesem Bereich erzielt wurden, wird im folgenden Abschnitt darauf eingegangen, welche Verbesserungen die „Grüne Revolution"
mit sich brachte. Diese hat neue Technologien sowie Hochleistungssorten in die Landwirtschaft eingebracht, was den weltweiten
Ertrag um ein Vielfaches steigerte. Auch der Einsatz von Dünge-
und Pflanzenschutzmitteln stieg dabei stark an. Besonders in den
Entwicklungsländern wurde in den 1960ern eine enorme Steigerung
der Effizienz im landwirtschaftlichen Anbau erreicht: So konnte in
Asien eine Verdopplung der Getreideproduktion mit lediglich 4%
Vergrößerung der Anbaufläche einher gehen (Hahlbrock, 2012).
Denn Schädlinge und Krankheiten sowie die vielseitigen Unkrautar-
ten sorgen in der Landwirtschaft schon immer für große Probleme,
da sie zu hohen Ernteverlusten führen können. Die enormen Auswirkungen haben Oerke und Dehne (1997) festgehalten: Abbildung
11 zeigt deutlich, dass man bei manchen Sorten wie Reis oder
Baumwolle mit Verlusten von bis zu 80% rechnen muss, wenn keine
Gegenmaßnahmen ergriffen werden. Bei Reis können die Verluste
durch den Einsatz von Pestiziden sowie anderen Maßnahmen wie
Jäten oder Hacken um 40% gesenkt werden, bei Baumwolle sogar
um 54%. Aber auch bei allen anderen Kulturpflanzen wie Mais
(38%), Kartoffeln (35%), Sojabohnen (34%) oder Weizen (22%)
können die tatsächlichen Verluste mithilfe von Pflanzenschutzmitteln stark abgesenkt werden.

Durch den erhöhten Einsatz von chemischen Pflanzenschutzmitteln konnten folglich große Fortschritte hinsichtlich der Ertrags-
sicherung erreicht werden. Aber auch die Einführung von chemischen Düngemitteln haben erheblich zur Steigerung der Produktivität beigetragen. Industrielle Mineraldünger sorgen für einen Nährstoffschub, welcher die landwirtschaftliche Produktionsrate um (in

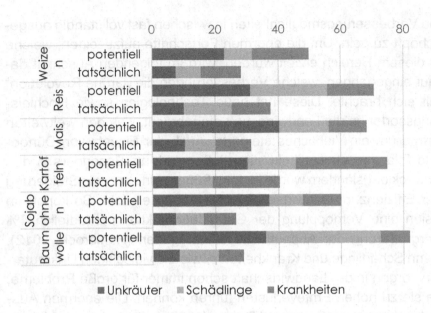

Abbildung 11: Potentielle und tatsächliche Verluste durch Schädlinge, Krankheiten und Unkräuter (erstellt nach Oerke, 2006)

Monokulturen) ermöglichte (Zukunftsstiftung Landwirtschaft, 2013). Ohne Düngung ist ein regelmäßiger Anbau von Kulturpflanzen ein Vielfaches steigerte und eine Spezialisierung auf wenige Pflanzen auf weiträumigen Flächen gar nicht möglich, da durch die Ernte sowie den Anbau immer gleicher Pflanzen dem Boden einseitig Nährstoffe entzogen werden, welche ersetzt werden müssen. Die Wichtigkeit des Einsatzes von Düngemitteln ist daher für eine nachhaltige Bodennutzung unumstritten. Jedoch gibt es große Diskussionen hinsichtlich der Art und Weise des Einsatzes, ob also mineralischer oder organischer Dünger vorzuziehen ist, sowie über die Höhe und Häufigkeit der Anwendung (Haber und Salzwedel, 1992). Besonders Landwirte des ökologischen Landbaus scheinen hier eine andere Haltung zu haben als konventionelle Bauern. Das Ausmaß der Grünen Revolution fasst Hahlbrock (2012) treffend zusammen: *„Ausgerechnet in den Jahren von 1970 bis 1995, gegen Ende* *des kürzesten Zeitraums, in dem sich die Bevölkerungszahl jemals verdoppelte, fiel die Zahl der Hungernden leicht ab, anstatt proportional anzusteigen. [...] Zum ersten Mal in der Menschheitsgeschichte konnte die Nahrungsproduktion mit einem massiven Bevölkerungswachstum Schritt halten, ohne daß die landwirtschaftliche Nutzfläche entsprechend ausgeweitet wurde."* Dennoch muss an dieser Stelle bereits betont werden, dass die Grüne Revolution nicht nur positive Seiten hatte. Der erhöhte Einsatz von Pflanzenschutz- und Düngemitteln, mit welchen viele Landwirte zu Beginn noch keine Erfahrung hatten, führte vielerorts zu Fehlanwendungen und zog große Umweltbelastungen nach sich. Böden und Gewässer wurden verseucht, und durch die Intensivierung der Bewässerung wurden viele Wasserressourcen übernutzt und versiegten – der Grundwasserspiegel senkte sich (Hahlbrock, 2012; Patel et al., 2009). Die Problematik dieser Handlungen wird in Kapitel 3.4 ausführlich erörtert.

3.3   Derzeitige Methoden der Landwirtschaft

Um die Auswirkungen der konventionellen Landwirtschaft abschätzen zu können, werden nun zunächst die derzeitigen Methoden der Landwirtschaft aufgezeigt.

3.3.1 Boden

Der Boden ist die Grundlage des Anbaus von Kulturpflanzen und ist daher aus Eigeninteresse der Landwirtschaft schützenswert. Aus diesem Grund sind Düngung und mechanische Bodenbearbeitung essentiell für einen nachhaltigen Anbau. In der Vergangenheit, bis zum 18. Jahrhundert, war die Dreifelderwirtschaft etabliert (Hahlbrock, 2012). Hierbei wurden abwechselnd Wintergetreide und Sommergetreide angebaut, wobei anschließend eine Phase der

Brache erfolgte, in welcher die Fläche nicht bepflanzt oder bearbeitet wurde. Dies führte jedoch zu einseitigem Nährstoffentzug, welcher nur unzureichend durch Humus und Streu ersetzt werden konnte (ebd.). Bodenverarmung war die Folge, weshalb die Ackerflächen immer weiter ausgeweitet werden mussten, bis dessen Grenzen erreicht wurden. Neue Maßnahmen führten zur Besömmerung der Brache, bei welcher diese mit bodenpfleglichen Futterpflanzen bepflanzt wird (siehe Kapitel 5.2.1). Dazu werden Leguminosen zur Stickstofffixierung eingesetzt, oder Blattfrüchte wie Kartoffeln, Zucker- oder Futterrüben, welche zur Bodenverbesserung durch dichtes, feines Wurzelwerk (Humusvermehrung) oder durch tiefe, bodenlockernde Bewurzelung betragen (Haber und Salzwedel, 1992; Hahlbrock, 2012). Da der Mangel an Nährstoffen im Boden ein wachstumslimitierender Faktor der Pflanzen ist, wurde der organische Dünger zunehmendes durch mineralischen ersetzt. Dieser bietet gezielt die Nährstoffe, welche dem Feld entzogen werden und der Pflanze ein optimales Wachstum ermöglichen. Mineralische Dünger wirken gezielt und schnell, da sie genau bekannte Mengen an bestimmten Nährstoffen enthalten, organische Dünger dagegen wirken langsamer, aber vielseitiger (Haber und Salzwedel, 1992). Sie erhöhen den Humusgehalt des Bodens, welcher eine entscheidende Rolle für dessen Bewirtschaftungszustand einnimmt. Weiterhin ist der Aufbau des Bodens wichtig für dessen Zustand. Das Hohlraumsystem bietet Lebensräume für viele Bodenorganismen, von Bakterien bis zu Würmern und Insekten, sowie für die Pflanzenwurzeln. Die Mikroorganismen benötigen genügend Sauerstoff für die aerobe Zersetzung von anorganischen und organischen Substanzen. Daher ist das Schaffen und Erhalten von Hohlräumen sowie deren Belüftung durch mechanische Bodenbearbeitung ein entscheidender Punkt in der Landwirtschaft. Ein weiterer Vorteil der mechanischen Bodenbearbeitung ist das Einarbeiten von Düngern, Pflanzenschutzmitteln und Ernteresten (Haber und Salzwedel, 1992). *„Sofern genügend Wasser vorhanden war und* *eine gesunde Bodenökologie (Bakterien, Pilze und Kleinlebewesen) für eine günstige Bodenbeschaffenheit [...] und den notwendigen Stoffumsatz sorgten, wurden Wachstum und Ertrag bei optimaler Düngung nur noch durch die genetische Konstitution der Pflanze selbst sowie durch Klima, Konkurrenten (Unkräuter) und Schädlinge limitiert"* (Hahlbrock, 2012). Durch Wenden und Zerkleinern des Bodens werden viele Unkraut-Konkurrenten vernichtet, sodass der Herbizideinsatz gesenkt werden kann. Jedoch muss beachtet werden, dass robuste Samen nicht zerstört werden und eine tiefe Homogenisierung sogar zu einer gleichmäßigen Verteilung der unerwünschten Begleiter führt (Haber und Salzwedel, 1992). Zusätzlich können auch tierische Bodenschädlinge sowie Krankheits-erreger gestört oder vernichtet und somit für eine kurze Zeit – wenn auch nicht dauerhaft – ausgeschaltet werden (ebd.). Seit vielen Jahren werden diese Maßnahmen nun schon durch den Einsatz von mechanischen Geräten erleichtert. Wie schwierig die Berücksichtigung sämtlicher den Boden beeinflussender Faktoren ist, und wie komplex daher die Schaffung des optimalen Bodens ist, macht ein weiteres Zitat noch einmal deutlich: *„Tierische und menschliche Exkremente, stickstofffixierende Leguminosen, Mulchtechniken, Kompost und geeignete Fruchtfolgen spielen [...] eine ebenso wichtige Rolle wie Aufbereitung und Schutz der Bodenstruktur, Durchwurzelung, Belüftung, Schatten, Wasseraufnahme und -speicherung, Windschutz, Vermeidung von Abschwemmung, Terras-sierung und vor allen Dingen die Vielzahl der Bodenbewohner von Würmern, Springschwänzen und Asseln bis zur richtigen Mischung von Bodenbakterien und Pilzen."* (Zukunftsstiftung Landwirtschaft, 2013)

3.3.2 Landschaft

Die Landwirtschaft hat einen erheblichen Einfluss auf unser heutiges Landschaftsbild. Fast die Hälfte der gesamten Fläche Deutschlands wird derzeit landwirtschaftlich genutzt (siehe Abb.

12), auch wenn ein großer Anteil davon Weidefläche ist. Besonders das Flurbereinigungsgesetz von 1953 hat dazu beigetragen, dass die Auswirkungen der Ackerflächen auf die Landschaft noch verstärkt wurden. Damals wurden über 7,8 Mio. ha bereinigt, um eine „*Verbesserung der Arbeits- und Produktionsbedingungen*" zu erreichen (Haber und Salzwedel, 1992). Sie war die Voraussetzung für den mechanisch-technischen Fortschritt in der Landwirtschaft, da schwere Maschinen große Flächen der gleichen Kulturart zur Ernte benötigen (ebd.). Die Ackerflächen wurden daher vergrößert und in Form gebracht, störende Baum- und Heckensäume beseitigt. Große Felder sind von ökonomischem Vorteil für die Landwirte, jedoch hat die Flurbereinigung die Bedingungen für dort lebende Arten stark negativ beeinflusst (siehe Kapitel 3.4.3).

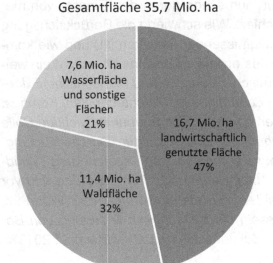

Abbildung 12: Flächennutzung in Deutschland 2014 (erstellt nach Industrieverband Agrar e.V., 2014)

3.3.3 Wasser

Wasser ist das Medium, in welchem Nährstoffe gelöst, transportiert und für die Pflanzen zur Verfügung gestellt werden. Es ist daher ein entscheidender Faktor für den Wachstumserfolg. Abbildung 13 zeigt den menschlichen Wasserverbrauch für verschiedene Zwecke. In vielen Regionen hat die Bewässerung in der Landwirtschaft den größten Anteil: 70% im weltweiten Durchschnitt. Knapp 40% aller Lebensmittel werden weltweit auf künstlich bewässerten Flächen angebaut, und in manchen Regionen ist Wasser der wichtigste Faktor zur Ertragssteigerung (Zukunftsstiftung Landwirt-schaft, 2013). Für uns Menschen ist besonders das Grundwasser von Bedeutung, welches neben anderen Quellen als Trinkwasser verwendet wird. Der Erhalt der Grundwasserqualität ist daher für die ständige Versorgung von Pflanzen und Menschen enorm wichtig. In trockenen Regionen führt das Versiegen von Flüssen oftmals zu

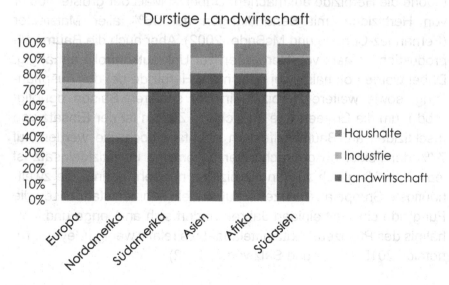

Abbildung 13: Wasserentnahme für Landwirtschaft, Industrie und Haushalte in unterschiedlichen Weltregionen (erstellt nach FAO, 2016; Zukunftsstiftung Landwirtschaft, 2013)

Bohrungen nach Grundwasser, was wiederum das Absinken des Grundwasserspiegels nach sich ziehen kann.

3.3.4 Pflanzenschutzmittel

Der Einsatz von Pflanzenschutzmitteln ist für die Sicherung von Erträgen eine unverzichtbare Maßnahme. Die konventionelle Landwirtschaft ist zunehmend abhängig von chemischen Pflanzenschutzmitteln, welche die Intensivierung der Landwirtschaft mit ihren dichten Beständen, ihrer Reduzierung der angebauten Artenvielfalt und ihren zeitlich engeren Fruchtfolgen erst ermöglichten (Meyer-Grünefeldt, 2015). In der Schweiz beispielsweise werden jährlich ca. 2000 Tonnen Pflanzenschutzmittel eingesetzt, mit 320 verschiedenen chemischen Verbindungen (NFP 59, 2012). Abbildung 14 zeigt, dass die bei weitem am häufigsten eingesetzte Kategorie die Herbizide ausmachen. Dabei ist Mais der größte Nutzer von Herbiziden, mit Behandlungen auf 96% aller Maisfelder (Fernandez-Cornejo und McBride, 2002). Aber auch die Baumwollproduktion ist stark von Herbiziden zur Unkrautkontrolle abhängig. Dabei werden oftmals zwei oder mehr Herbizide bei der Auspflanzung, sowie weitere Herbizide in der späteren Saison benötigt (ebd.), um die Ernteerträge zu sichern. Zudem ist der Einsatz von Insektiziden auf Baumwollfeldern ebenfalls hoch: sie werden auf 77% der Felder ausgebracht. Der allgemeine Insektizideinsatz ist jedoch im Vergleich zu den Herbiziden nur sehr gering, die zweithäufigste Gruppe an Pflanzenschutzmitteln nehmen stattdessen die Fungizide ein. Seit einigen Jahren ändert sich an Menge und Verhältnis des Pflanzenschutzmittelabsatzes relativ wenig (Meyer-Grünefeldt, 2015; Haber und Salzwedel, 1992).

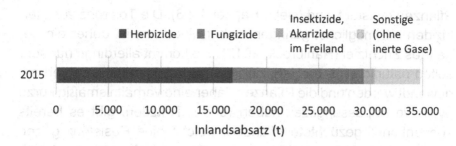

Abbildung 14: Pflanzenschutzmittelabsatz in Deutschland (erstellt nach BVL, 2016)

Bekämpfung von Unkräutern. Unkräuter haben einen erheblichen Fitnessvorteil gegenüber den Nutzpflanzen, da sie sich über lange Zeiträume hinweg an die heimischen Klima- und Bodenverhältnisse anpassen konnten. Ihre Samen können teilweise mehrere Jahrzehnte im Boden überdauern (Hahlbrock, 2012). Kulturpflanzen dagegen stammen oftmals aus entfernten Teilen der Erde und haben – selbst wenn sie einheimische Vorgänger haben – ihre natürliche Konkurrenzfähigkeit durch die starke Züchtung auf erhöhte Erträge verloren. Sie sind damit auf die menschliche Hilfe angewiesen, um sich in ihrer Umgebung durchsetzen zu können. Neben mechanischem Jäten, Hacken und Eggen ist die Verwendung von chemischen Pflanzenschutzmitteln unverzichtbar. Die Herbizide greifen in pflanzenspezifische Reaktionen oder Stoffwechselprozesse ein, oder aber regen ein übersteigertes Wachstum an, sodass es zu einer vorzeitigen Erschöpfung der Unkräuter kommt (= Wuchsstoffherbizide) (Hahlbrock, 2012). Oftmals sind diese Prozesse spezifisch für bestimmte Unkrautarten, damit sie der angebauten Nutzpflanze nicht schaden. Die sogenannten selektiven Herbizide wirken beispielsweise nur gegen zweikeimblättrige Pflanzen, sodass einkeimblättrige Gräser wie Weizen nicht geschädigt werden. Jedoch gibt es auch Totalherbizide, welche auf alle Pflanzenarten wirken. Das Breitbandherbizid Glyphosat ist das Bekannteste von ihnen, gegen welches derzeit einige transgene

Pflanzen resistent sind (siehe Kapitel 4.2.6). Die Toleranz von Herbiziden mit möglichst geringen Nebenwirkungen ist daher ein begehrtes Zuchtziel (Hahlbrock, 2012). Sie kommt allerdings nur sehr selten natürlich vor, da Herbizide erst seit einigen Jahrzehnten angewandt werden und die Pflanzen daher eine verhältnismäßig kurze evolutive Anpassungszeit haben (ebd.). Trotzdem gibt es bereits konventionell gezüchtete Pflanzen, welche eine Resistenz gegen bestimmte Herbizide aufweisen. Das Clearfield-System des BASF stellt einige herbizidresistente Varianten verschiedener Pflanzenarten zur Verfügung, welche ohne Gentechnik hergestellt wurden. So gibt es bereits Raps, Mais, Reis, Weizen und Sonnenblumen mit Clearfield (CL)-System (Weston et al., 2012). Es ermöglicht den Einsatz von effizienten Totalherbiziden, welche gegen fast alle Unkrautarten gleichzeitig wirken. CL-Raps ist gegen den Wirkstoff Imazamox resistent, welcher zur Gruppe der ALS-Hemmer gehört (Landwirtschaftskammer Nordrhein-Westfalen et al., 2012). Die ALS-Hemmer wirken auf die Synthese von Aminosäuren in den Chloroplasten, indem sie wichtige Enzyme der ALS-Synthetase hemmen, welche zur Bildung von Aminosäuren und damit Proteinen benötigt werden (Bayer CropScience Deutschland GmbH, 2017). Raps reagiert normalerweise sehr empfindlich gegen diese Wirkstoffgruppe, genauso wie andere Kreuzblütler. Das CL-System ist daher eine effektive Strategie für die normalerweise problematische Bekämpfung anderer Kreuzblütler auf Rapsfeldern (Landwirtschaftskammer Nordrhein-Westfalen et al., 2012). Generell bieten Herbizide nicht nur Vorteile für den Wachstumserfolg der Nutzpflanzen durch Konkurrenzfreiheit, sondern auch bei der Ernte. Die heutzutage vollmechanisierte Erntetechnik erfordert weitgehende Unkrautfreiheit (Haber und Salzwedel, 1992), somit scheinen Herbizide auch hierfür unverzichtbar. Die Auswahl an Herbiziden ist sehr groß, da immer selektiver wirkende Mittel entwickelt werden sollen, um Nebeneffekte auf die Kulturpflanzen sowie auf die Biodiversität in der Umgebung zu reduzieren und die unerwünschten Begleiter ganz gezielt bekämpfen zu können.

Bekämpfung von Krankheitserregern und Schädlingen. Nicht nur pflanzliche Konkurrenz, sondern auch tierische Schädlinge können Ernteverluste verursachen. In diesem Bereich werden hauptsächlich chemische Bekämpfungsmittel eingesetzt. Insektizide werden vor allem in Obstanlagen sowie im Wein- und Hopfenbau angewandt (Haber und Salzwedel, 1992). Genau wie Herbizide wirken diese spezifisch auf bestimmte tierische Prozesse, wie zum Beispiel als Nervengifte, Energieblocker, Wachstumsregulatoren oder Häutungshemmer (Bayer CropScience Deutschland GmbH, 2017). Sie können somit Wachstum und Entwicklung der Insekten hemmen oder zu ihrer Abtötung führen. Jedoch sind sie normalerweise nicht sehr spezifisch und wirken daher immer auch auf Nicht-Zielarten. Das hochaktuelle Thema des enormen Bienensterbens richtet die Aufmerksamkeit auf eine der großen unbeabsichtigten Nebeneffekte von Insektiziden.

Die Bekämpfung von Viren ist im Vergleich besonders schwierig, da sie keine eigenständigen Organismen sind und daher keinen guten Ansatzpunkt zur Bekämpfung bieten. Sie vermehren sich innerhalb der Wirtszellen in den Pflanzen, welche aber gerade nicht geschädigt werden sollen (Hahlbrock, 2012). Bisher gibt es keine effektive Methode zur Bekämpfung von Virenkrankheiten bei Pflanzen.

Anders sieht es bei Pilzen aus: Sie können durch organische oder anorganische Chemikalien bekämpft werden, welche ihre Entwicklung hemmen oder sie abtöten. Fungizide sind nach den Herbiziden die zweitgrößte Gruppe von Pflanzenschutzmitteln (siehe Abb. 14) und spielen daher eine nicht unbedeutende Rolle in der konventionellen Landwirtschaft. Viele Fungizide wirken protektiv auf die Keimung des Pilzes und müssen daher vorbeugend angewandt werden (Hahlbrock, 2012). Diese Fungizide wirken auf ein sehr breites Spektrum und sind kaum selektiv. Der Wirkstoff dringt nicht in die Pflanze ein und wird deshalb leicht durch Regen abgewaschen. Eine Anwendung muss aus diesem Grund meist mehrmals wiederholt werden (Bayer CropScience Deutschland GmbH, 2017). Eine verbesserte Möglichkeit bieten systemische Wirkstoffe, welche durch die Kutikula in die Pflanze eindringen und im Inneren der Pflanze gegen den Erreger wirken können (Hahlbrock, 2012). Da die Pflanze selbst dabei nicht geschädigt werden soll, dürfen nur sehr spezifische Stoffwechselfunktionen betroffen sein. Daher erfassen diese Mittel oft nur wenige Pilzarten (Bayer CropScience Deutschland GmbH, 2017). Fungizide werden besonders im Wein- und Hopfenbau per Hubschrauber aus der Luft eingesetzt, aber auch bei Weizen und Kartoffeln (Haber und Salzwedel, 1992).

3.4 Problematik

Die Intensivierung der Landwirtschaft mit ihren enormen Ertragssteigerungen hat zu vielerlei Problemen hinsichtlich Nachhaltigkeit und Umweltauswirkungen geführt. Die vielen Eingriffe in natürliche Vorgänge resultieren oftmals in inakzeptablen und irreversiblen Gleichgewichtsstörungen der Natur. Die bisherige Landwirtschaft war zu sehr auf Effizienz- und Produktionssteigerungen fixiert. *„Dabei haben wir aus den Augen verloren, dass unsere landwirtschaftliche Überproduktion die Grundlagen unserer Ernährung akut gefährdet"* (Zukunftsstiftung Landwirtschaft, 2013). Dabei gilt: je größer die behandelte oder bearbeitete Fläche, desto negativer die Auswirkungen auf alle Bereiche des Ökosystems. Da die derzeitige Landwirtschaft immer mehr auf großräumige Ackerflächen setzt, sind die Folgen umso gravierender. Rockstrom et al.

(2009) versuchen in ihrem Artikel „A safe operating space for humanity" Grenzwerte festzusetzen, bis zu welchen die Erde die Belastung durch den Menschen noch ertragen kann. Werden diese übertreten, so wird die Erde aus ihrem stabilen Zustand gebracht. Weltweit drohen dann negative, wenn nicht sogar katastrophale Umweltveränderungen. Laut Autoren wurden bereits drei der neun Bereiche überschritten: Klimawandel, Biodiversitätsverlust sowie Eingriffe in den Stickstoffkreislauf. Auch bei vier weiteren Bereichen nähern wir uns den Grenzen des sicheren Betriebsbereiches bereits an: beim globalen Wasserverbrauch, den Änderungen in der Landnutzung, der Übersäuerung der Ozeane und dem Eingriff in den globalen Phosphorkreislauf. Mit Blick auf das vorherige Kapitel wird schnell klar, dass bei den meisten dieser Bereiche die Landwirtschaft entscheidend zu den Belastungen beiträgt. Die Landwirte befinden sich dabei in einer negativen Verkettung: Die notwendige Düngung der Felder begünstigt nicht nur die angebauten Kulturpflanzen, sondern auch Unkräuter im Wachstum. Da die ertragssteigernde Pflanzen-zucht auf Kosten anderer Stoffwechselleistungen geht, büßen Kulturpflanzen an natürlicher Widerstandskraft und Konkurrenzfähigkeit ein. Zudem lockt das beschleunigte Wachstum der Kulturpflanzen viele Schädlinge und Krankheiten an. Folglich müssen die störenden Begleiter wieder durch Pflanzenschutzmittel bekämpft werden. Die eingesetzten chemischen Schadstoffe gelangen in natürliche Stoffkreisläufe oder reichern sich im Boden an. Von dort können sie weiter ins Grundwasser oder in die Meere gelangen. Zudem können sie über Nahrungsketten weitergegeben werden – so konnte das Insektizid DDT in Pinguinen der Antarktis nachgewiesen werden, wo das Mittel jedoch niemals angewandt wurde (Haber und Salzwedel, 1992). Im Folgenden werden auf die von der Landwirtschaft negativ beeinflussten Bereiche genauer eingegangen sowie Fragen zu den Auswirkungen auf die menschliche Gesundheit geklärt.

3.4.1 Boden

Die landwirtschaftlichen Reinkulturen haben den Ackerboden wesentlich verändert und bringen einige Nachteile für die Bodenzusammensetzung und -beschaffenheit mit sich. So werden bestimmte Bodenschichten nur sehr einseitig ausgenutzt, es kommt zu Humusschwund. Zudem reichern sich schädliche Rückstände aufgrund von Pestizideinsätzen an und es besteht das Potential zu einem spezifischen Schädlings- und Krankheitsaufbau (Haber und Salzwedel, 1992). Diese Probleme, welche größtenteils von der Landwirtschaft selbst geschaffen wurden, müssen über erneute Maßnahmen wie Düngung und Pflanzenschutzmittel ausgeglichen werden, welche wiederum die Nebenwirkungen verstärken.

Mechanische Bodenbearbeitung. Durch ständige landwirtschaftliche Bodenbearbeitung wird der Boden wesentlich verändert. Schützende Vegetation wie sie z.B. im Wald vorhanden ist fehlt auf den Feldern, daher sind diese den klimatischen Bedingungen stärker ausgesetzt und es gibt einen ständigen Wechsel zwischen Austrocknung, Durchnässung und Gefrieren (Haber und Salzwedel, 1992). Der Boden ist labiler, da die Stabilisation über Pflanzenwurzeln fehlt. Die ständigen mechanischen Eingriffe nehmen dem Boden die Fähigkeit zum eigenständigen Aufbau eines stabilen Gefüges, sodass Bodenerosion und beschleunigte, abwärts gerichtete Stoffverlagerung die Folge sind (Haber und Salzwedel, 1992). Bei der Erosion wird die obere Schicht der Erde, der Mutterboden, durch Wasser oder Wind abgetragen. Als Folge gehen die darin enthaltenen Nährstoffe sowie Samen verloren und es kommt zur Bodendegradation (ebd.). Erosion bedeutet irreversibler Bodenverlust und eine damit einhergehende Minderung der Bodenfruchtbarkeit. Die Flächenverluste müssen ausgeglichen werden und gehen daher an einigen Orten mit Rodung von Regenwald einher. Seit einigen Jahrzehnten wird die Bodenbearbeitung durch den Einsatz von schweren Maschinen erleichtert, welche zu Verdichtungen insbesondere des Unterbodens führen (Haber und Salzwedel, 1992). Haber und Salzwedel (1992) berichten von einer Zunahme der Verdichtungen von Ackerböden, welche vor allem durch Sackung des Bodens nach intensiver Zerkleinerung sowie durch Pressung aufgrund von Belastung durch immer schwerere und häufiger eingesetzte Fahrzeuge entstehen. Bei der Herrichtung des Saatbeets beispielsweise werden innerhalb von 14 Tagen die Felder 3-4-mal bearbeitet, was jedes Mal eine neue Belastung darstellt. Die Folge ist eine Verschlechterung des Bodengefüges. Die Bodenverdichtung wirkt sich auch negativ auf Bodenorganismen aus, da die Durchlüftung gestört wird und somit ein Sauerstoffmangel entsteht. Größere Kleintiere können direkt durch den Druck geschädigt werden, wobei vor allem Regenwürmer betroffen sind (Haber und Salzwedel, 1992). Dadurch wird wiederum die Auflockerung des verdichteten Bodens gestört, zu welcher Regenwürmer einen großen Beitrag leisten. Aber auch andere Dinge wie einseitige Fruchtfolgen mit gefügeverschlechternden Pflanzen wie Mais und Rüben wirken sich negativ auf das Bodengefüge aus. Bodenbearbeitung kann helfen, Schädlinge in Schach zu halten – jedoch ist zu beachten, dass neben den erwünschten Organismen auch andere Bodenbewohner wie Nützlinge in ihrer Tätigkeit gestört werden. Ein weiterer Nachteil der maschinellen Bearbeitung ist, dass diese immer nur einen gewissen, immerzu gleich tiefen Bereich des Bodens erfassen. Der Unterboden dagegen wird in der Regel nicht bearbeitet, sodass eine künstliche Veränderung des Bodenprofils entsteht (Haber und Salzwedel, 1992), welcher so aus seinem natürlichen Gleichgewicht gebracht wird. Bei der mechanischen Bodenbearbeitung müssen die Vorteile daher auch mit den Nachteilen verglichen werden, da die negativen Auswirkungen meist direkte Verschlechterungen des Bodens bedeuten. Es ist daher nur im Eigeninteresse der Landwirte selbst, die derzeitigen Methoden der mechanischen Bodenbearbeitung noch einmal zu überdenken und eventuell anzupassen.

Eine bereits angewandte Alternative bietet die Einbringung von Direktsaat. Hierbei wird das Saatgut direkt in den unbearbeiteten Boden eingebracht (NFP 59, 2013; Ronald und Adamchak, 2008). Felder mit Wildpflanzen und dem letztjährigen Bewuchs können über den Winter ungestört gelassen werden und es ist keine mechanische Bodenbearbeitung mehr notwendig (Shewry et al., 2008). Weniger oder keine Bodenbearbeitung trägt zur Konservierung der oberen Bodenschicht und der Feuchtigkeit im Boden bei (Ronald und Adamchak, 2008). Auswaschungen von Mineral- und Nährstoffen durch Niederschläge und Erosionen können reduziert oder sogar ganz vermieden werden. Durch die Direktsaat kann es also zu deutlichen Humusanreicherungen kommen, die Bodenqualität steigt. Zudem wird eine bessere Speicherung von atmosphärischem Kohlenstoff in organischen Bodenbestandteilen ermöglicht (Snow et al., 2005), sodass dieser nicht entweicht und weniger Treibhausgase freigesetzt werden. Diese Methode ist eine konservierende Bodenbearbeitung mit großem Erfolg, welche allerdings nur unter besonders günstigen Bedingungen und daher an vielen Orten leider nicht möglich ist (Haber und Salzwedel, 1992).

Düngung. Besonders problematisch ist die Bodendüngung bei falscher Anwendung. Diese kann aufgrund von fehlendem Wissen erfolgen, oder die Landwirte setzen sich bewusst über gesetzliche Regelungen hinweg. In letzterem Fall werden gesetzliche Umweltauflagen oftmals als *„zu weit gehende Einschränkung und als zu kompliziert empfunden"*, was zu Verstößen führt (Meyer-Grünefeldt, 2015). Laut Umweltbundesamt sind solche Fehlanwendungen die Haupt-ursache für Überschreitungen von kritischen Belastungsgrenzen (ebd.). Die Aufklärung der Landwirte über die Folgen ihrer Handlungen scheint daher ein entscheidender Schritt für die Eindämmung von Umweltbelastungen. Oftmals ist die richtige Anwendung von Düngemitteln aber auch sehr komplex und nur schwer einzuschätzen. Der Einsatz ist sehr sorten- und standortspezifisch, sodass ein *„übliches Maß der landwirtschaftlichen Düngung"* sehr schwierig zu definieren ist (Haber und Salzwedel, 1992). Düngung steigert den Ertragszuwachs in einer abflachenden Steigerungskurve (siehe Abb. 15), aus ökonomischer Sicht es daher sinnvoll, so viel Dünger zu geben, bis der höchstmögliche Ertrag erreicht ist. Aus ökologischer Sicht jedoch ist dieses Vorgehen eher fragwürdig, da für die letzten 10% Ertragssteigerung eine bis zu 40% höhere Düngemittelmenge vonnöten ist (Haber und Salzwedel, 1992). Für jede Pflanze und jeden Standort ist daher eine individuelle Abschätzung der Maßnahmen erforderlich, was vielen Landwirten aufgrund der hohen Komplexität und des fehlenden Wissens oder Zeitaufwands nicht möglich ist.

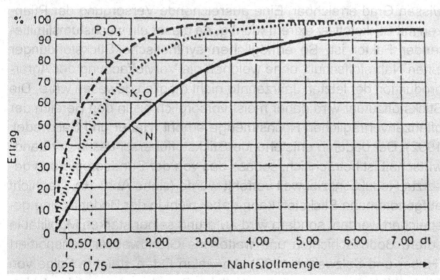

Abbildung 15: Ertragskurven bei verschiedenen Nährstoffen (Haber und Salzwedel, 1992)

Besonders **Stickstoff** stellt ein großes Problem dar. Denn durch den hohen Düngemitteleinsatz hat sich das Stickstoff-Phosphat-Kali-Verhältnis vieler Böden immer stärker zugunsten des Stick-

stoffs verschoben, sodass immer mehr Stickstoff im Boden vorhanden ist (Haber und Salzwedel, 1992). Die Gründe dafür sind vielseitig, beispielsweise ist Stickstoff leicht beweglich und wird daher in
tiefere Bodenschichten transportiert (siehe auch folgender Abschnitt „Stoffbelastungen im Boden"). Weiterhin werden Phosphat
und Kalium bei hohem Stickstoffgehalt besser ausgenutzt (Haber
und Salzwedel, 1992). Auch wenn unsere Luft aus 70% Stickstoff
besteht, ist dieser für Pflanzen ausschließlich in mineralisierter
Form zugänglich. Aufgrund seiner nicht-Speicherbarkeit im Boden
ist eine jederzeit bedarfsgerechte Dosierung erforderlich. Die richtige Menge an Stickstoff kann aber nur sehr schwer vorhergesagt
werden, und ist selbst unter idealen Bedingungen nur zu einem gewissen Grad erreichbar. Eine ausreichende Versorgung der Pflanzen mit Stickstoff ist extrem wichtig, da dieser ein wachstumslimitierender Faktor ist. So ermöglichen synthetische Stickstoffdünger
einen Nährstoffschub, ohne welchen die Vervielfachung der Agrar-
produktion der letzten Jahrzehnte nicht möglich gewesen wäre. Die
Stickstoffzufuhr wird daher meist vorsorglich bis in den Bereich der
pflanzenverträglichen Höchstmenge erhöht (Haber und Salzwedel,
1992). Der dadurch entstehende Stickstoffüberschuss in der Landwirtschaft ist beträchtlich, sodass das von der Bundesregierung ge-
setzte Reduktionsziel weit verfehlt wurde (siehe Abb. 16). Der nicht
aufgenommene Stickstoff kann dabei nicht in der Bodenlösung gespeichert werden, sondern wird aufgrund seiner starken Mobilität in
tiefere Bodenschichten und weiter ins Grundwasser transportiert
(Haber und Salzwedel, 1992). An vielen Orten steigt in Folge von
Stickstoffdüngern der Nitratgehalt im Grundwasser an. Laut Umweltbundesamt stammen über Dreiviertel der Stickstoffemissionen
aus diffusen Quellen und können damit der Landwirtschaft zugeordnet werden (Balzer und Schulz, 2014). Da die benötigte Energie für

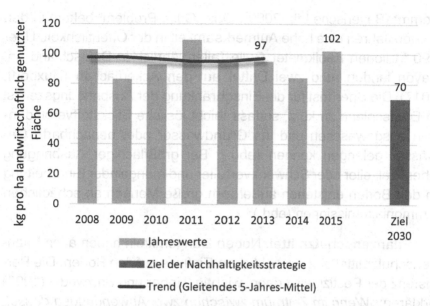

Abbildung 16: Gesamtbilanz des Stickstoffüberschusses der Landwirtschaft (erstellt nach Bundesministerium für Ernährung und Landwirtschaft (BMEL), 2017c)

den Abbau von Stickstoff über die Nitratreduktion der Mikroorganismen aus organischen Bestandteilen des Bodens gewonnen wird, führt synthetische Düngung zusätzlich zu einem erhöhten Humusabbau. Die Böden versauern und brauchen erneut höhere Dosen an Mineraldüngung: ein Teufelskreis (Zukunftsstiftung Landwirtschaft, 2013). Vielerorts führt ein Stickstoffüberschuss außerdem zur Eutrophierung von Gewässern. Eine Lösung des Problems könnte der Anbau von Leguminosen bieten, welcher eine Alternative zur Stickstoffdüngung bietet und im Ökolandbau vielfach eingesetzt wird (siehe Kapitel 5.2.1). Mit einem vollkommenen Verzicht von synthetischen Stickstoffdüngern ist aufgrund seiner Wichtigkeit als wachstumslimitierender Faktor jedoch nicht zu rechnen. Ein zusätzliches Problem stellen Wirtschaftsdünger wie Stallmist, Gülle, Jauche oder Kompost dar. Diese werden gesetzlich nicht genau geregelt, weshalb es oftmals zu einer unsachgemäßen Ausbringung kommt (Bayerische LfL, 2009). Das „Gülle-Problem" bekam in den letzten Jahren eine hohe Aufmerksamkeit in der Öffentlichkeit. Über 190 Millionen Kubikmeter Gülle fallen jährlich in Deutschland an, davon landen rund zwei Drittel auf den Ackerflächen (Huxdorff, 2017). Die Sperrfrist für die Einschränkung der Ausbringungszeit ist in Deutschland zu kurz, sodass leicht lösliche Stickstoffverbindungen ausgewaschen und ins Grundwasser oder benachbarte Gewässer gelangen können (ebd.). Bei großflächiger Ausbringung über Prallteller oder Schwenkverteiler und mangelnder Einarbeitung in den Boden entstehen außerdem große Mengen an schädlichen Ammoniakemissionen (ebd.).

Pflanzenschutzmittel. Neben Düngemitteln haben auch Pflanzenschutzmittel einen erheblichen Einfluss auf den Boden. Die Persistenz der Pestizide ist dabei wichtig. Haber und Salzwedel (1992) erklären: *„Wenn im Zeitraum zwischen zwei Anwendungen desselben Pestizides mindestens die Hälfte der eingesetzten Menge verschwindet, wird eine Anreicherung vermieden".* Jedoch „verschwinden" Pestizide nicht einfach im Boden, sondern werden durch Mikroorganismen abgebaut oder an Bodenteilchen gebunden. Der Abbau erfordert Energie, welche die Organismen aus der organischen Substanz des Bodens gewinnen. Der Einsatz von Pestiziden wirkt daher abbaufördernd für Humus, welcher wiederum den Einsatz von organischem Dünger erfordert (Haber und Salzwedel, 1992). Der nicht sofort abgebaute Anteil der Pestizide wird an Humusteilchen und Tonmineralien absorbiert, was nicht nur die Zugänglichkeit für Mikroorganismen zum Abbau verringert, sondern auch zur Auswaschung in Grundgewässer führt und diese verschmutzt (ebd.). Daneben können Pflanzenschutzmittel auch fest an Bodenpartikel gebunden werden, sodass diese weder auswaschbar noch extrahierbar sind (ebd.). Aufgrund dieser Eigenschaft wird der Pestizidanteil im Boden mit den Jahren immer weiter erhöht werden – somit ist eine Anreicherung im Boden sehr wahrscheinlich. Zudem ist nicht jeder Einsatz optimal: Man kann davon ausgehen, dass die Anwendungsgrenze oftmals nicht eingehalten wird, was eine Pestizidanreicherung im Boden weiter fördert. Noch ist unklar, ob und unter welchen Bedingungen die Stoffe später einmal freigesetzt werden, und ob diese dann eventuell sogar noch als Pestizide wirksam sein können (Haber und Salzwedel, 1992). Die Langzeitwirkungen sind also unbekannt, und der Einsatz von Pflanzenschutzmitteln scheint ein zweischneidiges Schwert zu sein, dessen Folgen genau mit dem Nutzen abgewägt werden sollten. Weiterhin ist die Anzahl der zugelassenen Pflanzenschutzmittel seit 1984 kontinuierlich gesunken (Haber und Salzwedel, 1992) – was zeigt, wie viele problematische Mittel vorher erlaubt waren und dementsprechend angewandt wurden. Der entstandene Schaden ist irreversibel und hat sicherlich noch Auswirkungen auf die heutigen Böden. Für den Einsatz von schädlichen Pflanzenschutzmitteln scheint das Vorsorgeprinzip der deutschen Regierung, auf welches hinsichtlich der GVPs so stark gepocht wird, nicht gültig zu sein. Zwar müssen Pflanzenschutzmittel vor deren Einsatz zugelassen werden, die Kriterien scheinen aber oftmals nicht streng genug zu sein. So müssten Langzeitauswirkungen und andere Nebenwirkungen vor der Zulassung genauer untersucht werden, und besonders schädliche Pestizide nicht erst im Nachhinein vom Markt genommen werden.

Weitere Stoffbelastungen im Boden. Neben Stickstoff und Pestiziden reichern sich auch immer mehr **Schwermetalle** im Boden an. Schwermetalle sind Naturstoffe und kommen daher in geringen Anteilen quasi überall vor (Haber und Salzwedel, 1992). Jedoch werden sie auch durch Bergbau, Verarbeitung und industrielle Verwendung weiträumig und in größeren Mengen in der Biosphäre verteilt und gelangen so auf die Ackerflächen (ebd.). Aber auch manche Fungizide oder Klärschlamm enthalten Anteile an Schwermetallen. Früher wurden Fungizide mit Quecksilber für die Saatgutbeizung eingesetzt, seit 1982 sind diese aber verboten (Haber und Salzwedel, 1992). Da Schwermetalle nicht abgebaut werden können, sind die damals eingesetzten Stoffe noch immer im Boden vorhanden. Besonders bei Wein und Hopfen wurden früher viele Kupferspritzungen gegen Mehltau angewandt (Haber und Salzwedel, 1992). Heute sind die Anwendungen zwar seltener und unter strengeren Vorkehrungen, aber nach wie vor erlaubt. Das Umweltbundesamt beschreibt die Ausbringung von Klärschlamm sowie von mineralischen und organischen Düngern als größte Ursache für die Anreicherung von Schwermetallen in Böden (Balzer und Schulz, 2014). Bei Düngern tierischer Herkunft können sich Zink und Kupfer aufgrund von Futtermittelzusätzen anreichern, Schweinegülle enthält zudem noch Arsen (ebd.). Mineraldünger auf der anderen Seite enthalten neben erwünschten Spurenelementen wie Zink oder Eisen auch nicht erforderliche Schwermetalle wie Blei, Cadmium, Nickel, Quecksilber, Arsen und Uran. Die Stoffe reichern sich bei intensiver Düngung irreversibel im Boden an, da sie weder abgebaut noch aus dem Boden entfernt werden können (Haber und Salzwedel, 1992). Bei entsprechender Mobilität gelangen Schwermetalle ins Grundwasser oder über die Pflanzen in Nahrungsketten, was aufgrund der Giftigkeit auch in kleinen Mengen problematisch ist (Balzer und Schulz, 2014; Haber und Salzwedel, 1992). Besonders kritisch sind mineralische Phosphatdünger aus sedimentären Rohphosphaten, welche von Natur aus hohe Schwermetallgehalte aufweisen. Trotzdem sind in Deutschland bislang über 95% aller mineralischen Phosphatdüngemittel zugelassen (ebd.)! Bisher werden die Schwermetallbelastungen der Böden als unbedenklich eingeschätzt (Haber und Salzwedel, 1992), jedoch werden sich die Konzentrationen weiter bis in den kritischen Bereich und darüber hinaus erhöhen. Daneben gefährden aber auch andere Belastungen den

Boden. In großer Anzahl hergestellte **organische Chemikalien** erreichen als Immissionen über die Luft oder durch trockene Disposition sowie durch Niederschläge den Boden und beeinträchtigen dessen Fruchtbarkeit (Haber und Salzwedel, 1992). Trotzdem trägt auch hier die Landwirtschaft selbst einen kleinen Anteil bei, denn in Klärschlamm und Müllkomposten sind organische Chemikalien ebenfalls in größeren Anteilen vorhanden (ebd.). Die Stoffe werden gut an Bodenbestandteile gebunden und können bisher erfolgreich durch Mikroorganismen abgebaut werden (ebd.). Dennoch könnte ein weiterer Anstieg die Konzentration auf ein bedenkliches toxisches Level erhöhen.

3.4.2 Wasser

Die Landwirtschaft verbraucht mit fast 70% den mit Abstand größten Anteil des vom Menschen verbrauchten Wassers, und bis 2050 wird ein weiterer Anstieg des Bedarfs um 19% vorausgesagt (Hahlbrock, 2012; Zukunftsstiftung Landwirtschaft, 2013). Besonders in trockenen Gebieten der Erde ist der enorme Wasserverbrauch hoch problematisch. Denn die Verknappung oder das Versiegen von Wasser in Trockenzeiten führt dort oftmals zum Versiegen der Flüsse. Infolgedessen, oder aufgrund von steigenden Schadstoffbelastungen der Oberflächengewässer, müssen vermehrt Bohrungen nach Grundwasser vorgenommen werden. Dieses wird oftmals schneller entnommen, als es nachgebildet werden kann, was letztendlich zur Wüstenbildung und damit zum endgültigen Ausfall der Ackerfläche führen kann (Hahlbrock, 2012). Auch im Weltagrarbericht wird festgestellt, dass Übernutzung, Vertrocknung und Vergiftung lokaler Wasserressourcen Ökosysteme auszutrocknen drohen, und es wird sogar vor *„Kriegen ums Wasser"* gewarnt (Zukunftsstiftung Landwirtschaft, 2013). Austrocknung führt zu Versalzung, durch welche jedes Jahr eine Fläche von 10 Mio. ha verloren geht (Sinemus und Minol, 2004/2005). Weltweit wurden bereits 60 Mio. ha Bewässerungsland, das sind 25% des gesamten globalen Bewässerungslandes, durch Versalzung geschädigt (Zhang und Blumwald, 2001). Die Nachbildung des Grundwassers wiederum erfolgt nur sehr langsam: Niederschlag wird zunächst als Haftwasser an den Bodenteilchen festgehalten. Erst wenn die Wasserhaltefähigkeit des Bodens aufgefüllt ist, trägt es zur Grundwasserneubildung bei (Haber und Salzwedel, 1992). Dabei wird das neue Niederschlagswasser festgehalten und das bereits im Boden vorhandene Haftwasser, welches je nach Bodentyp hohe Nährstoffgehalte aufweisen kann, ins Grundwasser verdrängt (ebd.). Dies führt zu zweierlei Problemen: Erstens werden dem Boden wichtige Nährstoffe entzogen, welche über Düngung künstlich wieder zugesetzt werden müssen. Zweitens gelangen gut lösliche Nährstoffe sowie im Boden enthaltene Schadstoffe ins Grundwasser und sorgen dort für Eutrophierung und Kontamination (wie schon in Punkt 3.4.1 erläutert). Neben der Niederschlagsmenge spielen auch Wurzeldichte, Porengröße des Bodens, pH-Wert sowie andere Faktoren eine Rolle für den Grad der Nährstoff-ausschwemmung (Haber und Salzwedel, 1992). Das Umweltbundesamt schreibt 50% der Nährstoffeinträge sowie fast alle Pflanzenschutzmittelbelastungen in Grundgewässern der konventionellen Landwirtschaft zu (Balzer und Schulz, 2014). Neben dem Grundwasser sind auch Seen und Flüsse sind von solchen Einträgen aus der Landwirtschaft stark betroffen. Insgesamt 1% der eingesetzten Pestizide gelangen in Bäche, Flüsse und Grundwasser – was aufgrund des hohen Einsatzes auf den Feldern einer ganzen LKW-Ladung jährlich entspricht (NFP 59, 2012)! Das Nationale Forschungsprojekt der Schweiz (NFP 59, 2012) berichtet, dass alle untersuchten Wasserproben aus Flüssen mit Pestiziden belastet waren, und ganze 80% davon mit Konzentrationen über dem gesetzlichen Grenzwert von 0,1 Mikrogramm/Liter lagen. Diese Zahlen legen ein Überdenken der derzeitigen Methoden und strengere Maßnahmen bei Überschreitungen nahe.

Um den enormen Wasserverbrauch der Landwirtschaft an den Standorten, an welchen Wasserknappheit herrscht, zu reduzieren, sollten Kulturpflanzen mit sehr hohem Wasserverbrauch nicht in trockenen Regionen angebaut werden. Zudem sollten verlustarme Bewässerungstechniken wie zum Beispiel die Tropfenbewässerung eingesetzt werden. Zur Verbesserung von ineffizienten Bewässerungssystemen können zudem örtliche Wasserspeicher und abführende Bewässerungssysteme gebaut werden (Zukunftsstiftung Landwirtschaft, 2013). Diese können verheerende Bohrungen, welche zur Übernutzung des Grundwassers führen, stoppen. Zusätzlich kann eine sinnvolle Einteilung der Wasservorräte über ein integriertes Wassernutzungssystem erfolgen, welches alle Nutzer eines Wassereinzugsgebietes berücksichtigen müssen und bei welchem die notwendigen Rechte und Pflichten zum Erhalt gesetzt sind (ebd.). Auch die Verhinderung von direkter Verdunstung aus Niederschlägen, beispielsweise durch Erhalt und Ausdehnung von Baumbeständen anstelle der Abholzung von Wäldern, sowie die Steigerung der Wasserkapazität des Bodens über Humusanreicherung sind mögliche Maßnahmen zur Verbesserung des Wasserhaushaltes (Zukunftsstiftung Landwirtschaft, 2013).

3.4.3 Biodiversität

Die globale Landwirtschaft hat laut Ronald und Adamchak (2008) den größten Einfluss auf die Zerstörung der Biodiversität. Wenn man bedenkt, wie viel Fläche die Landwirtschaft einnimmt, wird schnell klar, welch enormen Einfluss sie auf die Artenvielfalt haben muss: Wie in Kapitel 3.3.2 dargestellt, ergibt sich für Deutschland eine Ackerfläche von 16,7 Mio. ha, was bedeutet, dass auf knapp der Hälfte der Gesamtfläche Deutschlands Pflanzenschutzmittel ausgebracht werden. Zudem sorgen Agrarflächen für Zerkleinerung, Zersplitterung und Beseitigung von Biotopen. Der

Bau von Wegen mit festem Belag und deren Benutzung wirkt besonders für Kleintiere als Barriere. Die Abnahme der Artenvielfalt in der Agrarlandschaft ist enorm: Laut Rockstrom et al. (2009) ist die Aussterberate um mehr als das 10-fache über dem sicheren Betriebsbereich. Besonders betroffen sind Biodiversitäts-Hotspots in subtropischen und tropischen Regionen, welche indirekt durch Rodungen zerstört werden. Sie müssen ihrem Gegenteil, der genetischen Einheitlichkeit einer modernen Hochleistungssorte, weichen (Hahlbrock, 2012). Naturschutzgebiete haben einen Anteil von lediglich einem Prozent der deutschen Fläche, und sichern nur etwa 35-40% der Arten in ihrer Existenz (Haber und Salzwedel, 1992). Durch das Artensterben gerät die ökologische Stabilität aus dem Gleichgewicht, denn keine Art kann durch eine andere ersetzt werden. Die ausgestorbenen Arten sind meist hoch spezialisiert, während die neuen *„massenhaft auftretende Kulturfolger [sind], wie die Hirse-,Ungräser' in Maisfeldern"* (Haber und Salzwedel, 1992). Der beschleunigte Artenrückgang wird größtenteils indirekt verursacht,

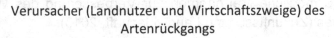

Verursacher (Landnutzer und Wirtschaftszweige) des Artenrückgangs

Ursachen (Ökofaktoren) des Artenrückgangs, angeordnet
nach Zahl der betroffenen Pflanzenarten der Roten Liste

Abbildung 17: Ursachen und Verursacher des Artenrückganges. Infolge Mehrfach-
nennungen der Arten, die durch mehrere Ökofaktoren gefährdet sind, liegt die
Summe der angegebenen Arten höher als die Gesamtzahl (581) der untersuchten
Arten (erstellt nach Haber und Salzwedel, 1992)

zum Beispiel durch die Zerstörung oder Beeinträchtigung der Lebensräume (ebd.). Die Ursachen und Verursacher werden in der
aufschlussreichen Darstellung von Abbildung 17 aufgezeigt.

Auch Gesetze wie das Bundesnaturschutzgesetz von 2009 zur
Verringerung des Biodiversitätsverlusts sind bislang gescheitert und
zeigten keine signifikanten Erfolge (Balzer und Schulz, 2014). Die
aktuellen Werte liegen noch weit vom Zielbereich entfernt, und der
Rückgang der Artenvielfalt in der konventionellen Landwirtschaft

setzt sich fort, anstatt ihn zu stoppen und in einen positiven Trend
umzuwandeln (ebd.). Auch in diesem Bereich scheint die deutsche
Politik ihr Ziel weit zu verfehlen, da fehlende Sanktionen die Situation nicht verbessern können.

Ackerbegleitflora. Es ist von großer Bedeutung im Kopf zu be-
halten, dass auch „Unkräuter" Bestandteile unserer Kulturland-
schaft und damit *„potentielle Schutzobjekte"* sind (Haber und Salzwedel, 1992). Sie sind lediglich aufgrund ihrer behindernden
Eigenschaften auf dem Feld vom Menschen als negativ eingestuft
worden. Seit den 1950er Jahren ist ein stetiger Rückgang der
Ackerbegleitflora erkennbar, seit genau den Jahren, in welchen die
chemische Unkrautbekämpfung begonnen hat (Meyer-Grünefeldt,
2015). Diese scheint daher einer der wesentlichen Hauptgründe für
die Artenverarmung zu sein. Durch Herbizidanwendungen sind 68%
der Arten auf den Feldern zurückgegangen (Haber und Salzwedel,
1992; Marshall et al., 2003). Eine Studie in Dänemark zeigt, dass
auch die Samenbanken in Ackerböden zwischen 1964 und 1989 um
50% zurückgegangen sind (Marshall et al., 2003). Zu allem Übel
nahmen in den letzten Jahren aber auch 6% der Unkrautarten auf
den Feldern zu (Haber und Salzwedel, 1992; Marshall et al., 2003).
Diese sind die sogenannten Problemunkräuter, welche nur schwer
zu bekämpfen sind und zu einer erheblichen Ertragsminderung beitragen können. Die heutige Vereinheitlichung der Fruchtfolge sowie
die mechanische Bodenbearbeitung mit immer gleicher Tiefe schaffen ideale Bedingungen für einige angepasste und damit fest etablierte Unkrautpopulationen. In den letzten 30 Jahren haben mehr als
286 Unkrautarten bereits Resistenzen gegen zahlreiche Herbizide
entwickelt (Snow et al., 2005; Sanvido et al., 2006). Auch an den
Randstreifen haben sich wenige robuste Gräser durchgesetzt, während ehemals typische Pflanzen der Feldsäume fehlen (Meyer-Grünefeldt, 2015). Die meisten Wirkstoffe der Herbizide sind nicht spezifisch für die Problemunkräuter, sondern haben auf beinahe alle

Pflanzen negative Auswirkungen (= Breitbandherbizide). So verringern Herbizide die Anzahl an Wildkräutern auf Agrarflächen (Balzer
und Schulz, 2014). Zusätzlich haben erhöhte Stickstoffeinträge negative Auswirkungen auf einige Pflanzenarten: So sind durch deren
versauernde und eutrophierende Wirkung mehr als die Hälfte aller
Gefäßpflanzenarten in ihrem Bestand gefährdet (Balzer und Schulz,
2014).

Tiere. Der Rückgang von Ackerwildkräutern führt zum Entzug
der Nahrungsgrundlage vieler Tiere, und damit auch zu deren Rückgang. Eine Faustregel besagt, dass der Ausfall einer Pflanzenart
zum Verschwinden von zehn bis zwölf Tierarten führt (Haber und
Salzwedel, 1992). So können ganze Nahrungsketten betroffen sein:
Wenn die Insektenvielfalt auf Agrarflächen zurückgeht, geht auch
die Anzahl von insektenfressenden Vögeln und Säugern zurück.
Somit spielen besonders indirekte Effekte von Pflanzenschutzmitteln eine große Rolle für den Verlust der tierischen Artenvielfalt.
Viele Insektengruppen und Feldvögel weisen einen deutlichen
Rückgang in den letzten 30 Jahren auf, welche nachgewiesenermaßen mit den Änderungen von landwirtschaftlichen Praktiken verbunden sind (Marshall et al., 2003). Die Anzahl von Feldvögeln ist beispielsweise in Großbritannien seit 1970 um 54% zurückgegangen
(Hayhow et al., 2016). Verantwortlich für den Rückgang vieler Vogelarten, insbesondere des Rebhuhns, aber auch anderer Vögel
wie der Goldammer oder der Feldlerche, sind eine Nahrungsreduk-
tion im Winter, oder auch weniger Nistplätze im Frühjahr (Marshall
et al., 2003). Es ist davon auszugehen, dass zusätzlich viele andere, noch nicht umfangreich untersuchte Arten, betroffen sind.
Auch Bienen und Hummeln verlieren mit dem Rückgang der Ackerwildkräuter ihre Futterquellen und Habitate (Burke, 2003). Pflanzenschutzmittel können aber auch direkte negative Effekte auf die Tiere
haben: So ist Atrazin, das in den USA am häufigsten verwendete

Herbizid, schädlich für Frösche und für ein weltweites Froschster-
ben verantwortlich (Ronald und Adamchak, 2008). Natürlich spielen
neben den Herbiziden vor allem auch Insektizide eine wichtige Rolle
für den Artenrückgang bei Tieren. Neben den angepeilten Schädlingen wirken die Mittel auch gegen andere, teilweise sogar nützliche
Arten. Schädlinge und Nützlinge sind somit oft gleichermaßen betroffen – und auch hier erfolgt eine künstliche Einteilung durch den
Menschen, denn jede Art ist potentiell schützenswert! Als Insektizide werden laut Hahlbrock (2012) vor allem solche Substanzen
eingesetzt, welche sich aus Beobachtungen als selektiv wirksam
herausgestellt haben. Dieses Vorgehen scheint jedoch sehr problematisch, da die genaue Wirkungsweise unbekannt bleibt. So wurden jahrelang Insektizide eingesetzt, welche nicht auf ihre Langzeit-
wirkung überprüft wurden (ebd.). Hübner (2014) erzählt in seinem
Artikel „75 Jahre DDT" die Geschichte des Insektizids: DDT
(Dichlordiphenyltrichlorethan) wurde seit 1942 als neues Wunder-
mittel vermarktet, welches beispielsweise den damals problematischen Kartoffelkäfer bekämpfen konnte, aber auch gegen erstaun-
lich viele andere Probleme wie Malaria oder Typhus half. Bereits im
ersten Anwendungsjahr werden 174 Tonnen abgesetzt. Drei Jahre
später wurden jedoch schon erste Hinweise auf negative Nebeneffekte geliefert: In einem mit DDT behandelten Wald starben als
Folge nicht nur die angepeilten Schwammspinner, sondern auch
Marienkäfer und über 4000 Vögel. Dennoch wurde das Mittel von
den Regierungsbehörden freigegeben. Erst viele Jahre später gelangen Informationen über die weitreichenden Auswirkungen an die
Öffentlichkeit. So wurde festgestellt, dass durch den massiven Einsatz von DDT gegen den Ulmensplintkäfer in den 1950ern auch
Drosseln starben, welche Würmer gefressen hatten, die sich wiederum von den Blättern der Ulmen ernährt hatten. Auch wurde beobachtet, dass die Eier von Greifvögeln als eine Folge von DDT dün-
nere und damit zerbrechlichere Schalen aufwiesen. Hübner erklärt,
dass durch den hohen Einsatz und die enorme chemische Stabilität

des Stoffes dieser in praktisch alle Ökosysteme der Welt verbreitet wurde, sogar in antarktischen Schneeproben wurde er gefunden! Erst 1972 wurde der Einsatz in der Bundesrepublik Deutschland verboten, wohingegen in er der DDR sogar noch bis in die 1980er Jahre verwendet wurde. Erst seit 2004 – ganze 62 Jahre später (!) – ist der Stoff gänzlich aus landwirtschaftlichen Praktiken verbannt. Bis dahin wurden jedoch bereits weltweit mehr als 3 Millionen Tonnen DDT in die Umwelt eingetragen. Hübner endet seinen Bericht mit der Feststellung: *„Obwohl DDT in den USA schon lange nicht mehr eingesetzt wird, ist das Erbe, hier in Form von DDT, noch allgegenwärtig".* An diesem Beispiel wird deutlich, mit welcher Unbedachtheit einige Pestizide eingesetzt werden, ohne zuvor auf deren genaue Wirksamkeit getestet zu werden. Die „Wunderwaffe" DDT schien die Menschen aufgrund ihrer enorm wirkungsvollen Eigenschaften zu blenden und nicht weiter über die negativen Auswirkungen nachdenken zu lassen. Aber besonders hier wird deutlich, dass trotz des enormen Nutzens die Schäden größer sein können, und daher jedes Mittel *vor* dessen Zulassung wirklich *ganz genau* auf seine Nebenwirkungen überprüft werden muss. Das Vorsorgeprinzip, nach welchem unsere Bundesregierung so häufig handelt, wird bei Pflanzenschutzmitteln oftmals gedankenlos in den Wind geworfen.

Um die negativen Auswirkungen des übermäßigen Gebrauchs von Pflanzenschutzmitteln zu reduzieren, hat der integrierte Pflanzenschutz bereits eine Basis zur Verbesserung geschaffen. Hierbei werden Pflanzenschutzmittel nicht häufiger eingesetzt, als es wirtschaftlich auch tatsächlich notwendig ist. Die EU-Rahmenschutzlinie verpflichtet die Länder bereits zur Schaffung von notwendigen Voraussetzungen, um Grundsätze des integrierten Pflanzenschutzes zu fördern, wie die Reduktion des Einsatzes von Pflanzenschutzmitteln oder Alternativen zum chemischen Pflanzenschutz

(Meyer-Grünefeldt, 2015). Voraussetzungen für solche Maßnahmen sind *„ein verbesserter allgemeiner Wissensstand der Landwirte, vorurteilsfreie Sachinformationen über die globalen ökologischen Folgen von Artenverlust und Klimaerwärmung sowie deren Zusammenhänge mit Nahrungsproduktion, Ressourcennutzung und Bevölkerungswachstum"* (Hahlbrock, 2012). Die Einhaltung der Umweltauflagen sollte konsequent kontrolliert werden, um massive Schäden zu vermeiden. Das Umweltbundesamt plädiert zudem für eine ausschließliche Verwendung von abdriftarmen Düsen (Balzer und Schulz, 2014). Außerdem sollten hinsichtlich der Zulassungsbeschränkung von Pflanzenschutzmitteln strengere Auflagen festgelegt werden. *Dringendes* Handeln ist erforderlich, um die schnelle Verbannung von stark schädigenden Mitteln sicherzustellen.

Um die Biodiversität zu schützen erklärt Hahlbrock (2012), durch welche Maßnahmen eine größtmögliche Artenvielfalterreicht auf dem Feld erreicht werden kann:

- *„durch Erhöhung des Sortenangebots und einer entsprechenden […] Rotationshäufigkeit im Anbau auf benachbarten Feldern, ergänzt durch Begrenzung der Feldgröße;*
- *durch Mischanbau ähnlicher Sorten mit bestimmten Merkmalsunterschieden, z.B. unterschiedlichen Resistenzen, um einerseits das Befallsrisiko bei wechselndem Krankheitsdruck, andererseits die Gefahr der Entstehung neuer virulenter Pathogen-stämme zu verringern;*
- *durch Erhöhung […] der Artenvielfalt im Anbau sowie durch häufigeren, regional und überregional koordinierten Wechsel der Fruchtfolgen […];*
- *durch Einrichtung und Erhalt von Biotopkorridoren, z.B. Hecken und unbehandelte Ackerstreifen, sowie von ausreichend großen Verbundsystemen, die Tieren einen ungehinderten Biotopwechsel ermöglichen"*

In Kapitel 5 wird deutlich, dass der Großteil dieser Maßnahmen zu den Grundsätzen des ökologischen Landbaus gehören und dort schon vielfach umgesetzt werden. Jedoch stehen die Maßnahmen im Widerspruch zu höchstmöglichen Erträgen durch perfektionierte Hochleistungssorten und weiträumigem Monokultur-Anbau, weshalb eine großflächige Umsetzung dieser Verbesserungen im konventionellen Bereich fragwürdig bleibt. Besonders die Schaffung neuer Lebens- und Rückzugsorte durch Ausgleichsflächen mit Hecken oder Blühstreifen in der Agrarlandschaft wird auch vom Umweltbundesamt betont (Balzer und Schulz, 2014). Meyer-Grünefeldt (2015) weist jedoch darauf hin, dass nur 0,32% (!) der Ackerflächen von solchen positiv auf die Biodiversität wirkenden Änderungen betroffen wären, weshalb der Umfang nicht ausreichend sei, um die negativen Auswirkungen von Pflanzenschutzmitteln auf ein vertretbares Ausmaß zu reduzieren. Zu beachten ist außerdem, dass die Landwirtschaft ökologisch wertvolle Standorte in Agrarflächen umwandelt, während weniger fruchtbare Gegenden naturbelassen bleiben. Dies führt dazu, dass auch für Tiere und Pflanzen besonders wertvolle Habitate verloren gehen. Zur Reduktion einer weiter voranschreitenden Ausbeutung natürlicher Lebensräume sollte die Nahrungsproduktion langfristig auf den bereits erschlossenen Flächen gesichert und verbessert werden, anstatt unergiebige Flächen weiter auszubeuten. Dafür ist vor allem eine Steigerung der Ernteerträge notwendig, denn nur so kann auf kleineren Flächen mehr Ertrag gewonnen werden. Besonders in den Entwicklungsländern ist hier noch viel Luft nach oben. Ronald und Adamchak (2008) erklären, dass eine globale Erntesteigerung auf die derzeitig erreichten Erträge Amerikas eine erhebliche Einsparung von Land bringen würde. Pflanzenzüchter hätten folglich mehr für die Erhaltung der Biodiversität getan als irgendjemand sonst.

3.4.4 Klima

Bezüglich des Klimas kann die Landwirtschaft aus zwei Blickwinkeln betrachtet werden: Zum einen ist sie Täter, welcher über Emissionen den Klimawandel maßgeblich vorantreibt, zum anderen ist sie aber auch Opfer des Wandels und von den Folgen besonders stark betroffen (Hahlbrock, 2012). Wenden wir uns also zuerst den vom Ackerbau ausgebrachten Emissionen zu: Laut Weltagrarbericht haben Landwirtschaft und veränderte Landnutzung einen Anteil von 31% an Klimagasemissionen (Zukunftsstiftung Landwirtschaft, 2013). Das Umweltbundesamt berichtet von 70 Mio. Tonnen CO_2-äquivalenten Emissionen im Jahr 2012 (Balzer und Schulz, 2014). Die Luftqualität wird durch Stickstoffdioxid und die Bildung von Feinstaub und Ozon beeinträchtigt (ebd.). In Deutschland ist die Landwirtschaft mit 57% die größte Quelle für Einträge von reaktivem Sauerstoff in die Umwelt, im Vergleich haben Verkehr, Industrie und Siedlungsabwasser jeweils nur 13-14% (ebd.). Die Gründe für diese enormen Ausstöße werden in Abbildung 18 zusammengefasst. Umwandlungen von Wäldern, z.B. durch Rodungen, sowie andere Landnutzungsänderungen, wie die Umwandlung von Mooren oder Grünland zu Ackerland, spielen die mit Abstand größte Rolle. Danach folgt mit großem Abstand zu Platz drei der Ausstoß von Lachgas (N_2O) aus der Mineraldüngung. Lachgas hat einen 300-fachen Treibhauseffekt im Vergleich zu CO_2 und ist daher für den Klimawandel besonders förderlich. Auch die Erzeugung von Mineraldüngern und Pestiziden sowie organische Düngemittel und die Bewässerung der Pflanzen sind problematisch hinsichtlich ihrer Emissionen. Wichtig ist zu beachten, dass die Klimabilanz je nach Anbaumethode sehr unterschiedlich ausfallen kann. Es ist wenig überraschend, dass dem Weltagrarbericht zufolge Kleinteilige und arbeitsintensive Strukturen sehr viel klimafreundlicher sind als industrielle Monokulturen (Zukunftsstiftung Landwirtschaft, 2013). Die enormen Ausmaße der Treibhausgasemissionen durch verschiedene Praktiken der Landwirtschaft und ihre direkten Konsequenzen für die Landwirtschaft selbst sollten den Anwendern verdeutlicht werden. Das Wissen über Handlungen muss vermittelt und vor allem alternative Handlungsmöglichkeiten aufgezeigt werden (Zukunftsstiftung Landwirtschaft, 2013). Besonders in Entwicklungsländern – welche einen ebenso großen Einfluss auf den Klimawandel haben – aber auch bei konventionellen, gewinnorientierten Landwirtschaftsbetrieben, ist der Fokus für Handlungsalternativen vor allem auf den finanziellen Aspekt gerichtet. Es ist daher wichtig darauf zu verweisen, dass die aktuellen Methoden den Klimawandel fördern und langfristig vermutlich zu höheren finanziellen Schäden führen als eine Umstellung der bisherigen Praktiken.

Abbildung 18: Emissionen der Landwirtschaft (Zukunftsstiftung Landwirtschaft, 2013)

Die Landwirtschaft hat aber auch ganz besonders mit den massiven Folgen des Klimawandels zu kämpfen, dessen Auswirkungen bereits heute schon spürbar sind. In vielen Regionen der Erde sind bereits starke Ernteverluste aufgrund der Klimawandels zu verzeichnen, wie aus Abbildung 19 ersichtlich wird. *„Dürre und Überschwemmungen, Stürme und Tornados, der Anstieg des Meeresspiegels, die Versalzung des Grundwassers, häufigere und schwerere Unwetter, die Wanderung und Ausbreitung alter und neuer Krankheitserreger, beschleunigtes Artensterben – all diese Plagen des Klimawandels werden die Landwirtschaft unmittelbar treffen."* (Zukunftsstiftung Landwirtschaft, 2013). Extreme Wetterbedingungen führen zu Trockenperioden und spätem Frost, welche hohe Ernteverluste mit sich bringen. So kann *„ein einziger Frost, Hagel, Starkregen, Orkan, Hitzeeinbruch oder Schädlingsausbruch […] über Nacht die Ernte eines ganzen Jahres zerstören"* (Zukunftsstiftung Landwirtschaft, 2013). Auch in diesen Jahren waren solcherlei Folgen erkennbar, wie beispielsweise im Jahr 2017: Vielerorts sind die Blüten von Kirschen und anderen Obstbäumen erfroren. Der überdurchschnittlich warme März führte zum Austreiben der Knospen, und der anschließend starke Frost im April brachte dementsprechend große Frostschäden mit sich, sodass die Ernte in jenem Jahr verhältnismäßig klein ausfiel. In Zukunft werden Temperaturschwankungen und -extreme noch viel häufiger vorkommen, dieses Ereignis kann also als eine Vorahnung für kommende Jahrzehnte betrachtet werden. Die Aufklärung der Landwirte sowie die Bereitstellung von praktischen Konzepten sind der Schlüsselpunkt zur Vermeidung oder zumindest Verminderung fataler Folgen in naher oder ferner Zukunft. Ganz besonders ein kurzfristiger Blickwinkel scheint in dieser Angelegenheit verheerend zu sein – genauso wie auch bei der Anwendung mancher Pflanzenschutzmittel mit ungeprüften Langzeitwirkungen. Agrarwirte dürfen sich nicht von den derzeitigen Vorteilen blenden lassen, sondern sollten mit einer langfristigen Sichtweise auf ihre Handlungen blicken.

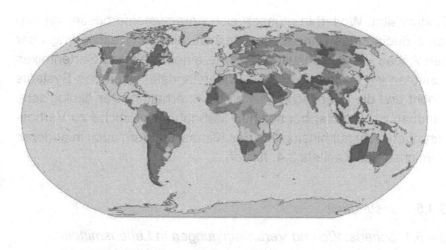

Änderung der Erträge in Prozent zwischen 2010 und 2050

Keine Daten

-50   -20   0   +20   +50   +100

Abbildung 19: Auswirkungen des Klimawandels auf die landwirtschaftlichen Erträge bis 2050 (Zukunftsstiftung Landwirtschaft, 2013)

Zur Verringerung weiterer Treibhausgasemissionen durch die Landwirtschaft erwähnt die Zukunftsstiftung Landwirtschaft (2013) einige erforderliche Maßnahmen:

- Einsparung von Mineraldünger und stattdessen Einsatz von organischem Dünger
- biologische anstelle von chemischen Pflanzenschutzmitteln
- Vermeidung weiterer Abholzung
- Stetige Begrünung von Ackerland (keine Brache), sowie Einarbeiten von Ernteresten: Speicherung von Kohlenstoff im Boden durch Humusaufbau
- Integration von Bäumen und Hecken

Neben Verringerungen der negativen Klimaauswirkungen sind viele dieser Maßnahmen zusätzlich ressourcenschonend (und damit nachhaltig) und haben positive Auswirkungen auf den Erhalt der

Biodiversität. Weiterhin müssen sich Agrarsysteme besser an extreme Bedingungen anpassen, weshalb eine Diversifizierung über den Anbau von Mischkulturen sowie eines breiteren Sortenmixes vonnöten ist. Dadurch wird die Widerstandsfähigkeit des Systems erhöht und die genetische Vielfalt bleibt erhalten. Der ökologische Landbau ist Vorreiter bei solchen Maßnahmen, welche zu Verbesserungen nicht nur hinsichtlich des Klimas, sondern auch in anderen Bereichen des Kapitels 3.4, führen.

3.4.5   Gesundheit

3.4.5.1   Schadstoffe und Verunreinigungen in Lebensmitteln

Der deutsche Staat schützt den Verbraucher mithilfe von Gesetzen wie dem Lebensmittelgesetz vor Verunreinigungen in Lebensmitteln. Dafür werden diese bei Verdacht auf Rückstände stichprobenartig überprüft (Haber und Salzwedel, 1992). Weil jedoch *„Lebensmittel über immer längere Zeit in der Kette von Produktion, Verarbeitung, Lagerung und Verteilung verweilen, hat sich die Kontrolle erschwert und das Risiko absichtlicher, unentdeckter oder unbeabsichtigter Verunreinigung und Fälschung steigt. Der Einsatz von Pestiziden und Dünger [...] gehören zu den mit den globalen Ernährungsstrukturen verbundenen Sicherheitsbedenken"* (Zukunftsstiftung Landwirtschaft, 2013). Zusätzlich können Schadstoffe wie Schwermetalle oder andere chemische Belastungen aufgrund von unsachgemäßem Umgang oder durch Verunreinigungen in der Umwelt in Lebensmitteln vorhanden sein. In diesem Abschnitt werden einige wichtige Beispiele für potentielle Belastungen und Verunreinigungen in konventionell angebauten Lebensmitteln vorgestellt. Zusätzlich gibt es weitere Verunreinigungen wie beispielsweise Mykotoxine aus Pilzinfektionen in Mais oder 3-MCPD in pflanzlichen Ölen.

Schwermetalle. Über Immissionen oder Düngemittel und Klärschlamm können Schwermetalle von den Pflanzen aus dem Boden aufgenommen werden und so in Lebensmitteln vorkommen. Cadmium wird über die Wurzeln aufgenommen und vor allem in den äußeren Pflanzenteilen wie der Samenschale oder den Blättern abgelagert (Haber und Salzwedel, 1992). Da der Stoff nicht mehr aus dem Körper ausgeschieden werden kann, wird er im Körper gebunden und kann bei hoher Aufnahme zu Vergiftungen führen (ebd.). Aufgrund dieser Anhäufung, welche über die Jahre hinweg stattfindet, ist Cadmium mit zunehmendem Alter gefährlicher. Dagegen kontaminiert Blei die Pflanzenteile hauptsächlich über die Luft. Daher sind meist die äußeren Pflanzenteile betroffen, sodass die Belastung durch schälen oder waschen verringert werden kann. Beim Entgiftungsvorgang im menschlichen Körper wird das Blei in den Knochen abgelagert (ebd.). Die Kapazität erreicht jedoch auch hier irgendwann ihre Grenze, dann können akute Krankheitssymptome auftreten.

Arsen. Arsen ist ein Halbmetall (Metalloid), welches sowohl natürlich als auch aufgrund von menschlicher Aktivität vorkommt (EFSA, 2015). Durch kontaminierte Böden kann der Stoff in Nahrungsmittel gelangen. In anorganischer Form ist Arsen noch toxischer als in organischen Verbindungen, und bei zu hoher Exposition kann Arsen zu Hautläsionen, Herzerkrankungen und verschiedenen Krebsarten wie Blasen-, Haut- oder Lungenkrebs führen (ebd.). Die Europäische Behörde für Lebensmittelsicherheit (EFSA – *European Food Safety Authority*, 2015) hat die Exposition von anorganischem Arsen in Lebensmitteln abgeschätzt und einen unteren Grenzbereich, die Benchmark-Dosis (BMD), von 0,3-8 µg pro kg Körpergewicht und Tag für eine Dosis festgelegt, welche *„wahrscheinlich eine geringe, jedoch messbare Wirkung auf ein Organ des menschlichen Körpers ausübt"*. Tatsächlich überschritten die Arsengehalte in einigen Lebensmitteln diesen Referenzpunkt gelegentlich. Zur Einschätzung der Exposition wurde der Arsengehalt in einzelnen Lebensmitteln sowie die Häufigkeit des Verzehrs von diesen im Verhältnis zum Körpergewicht berechnet. Demnach ist bei Säuglingen und Kindern die stärkste Exposition festzustellen. Der folgenden Tabelle ist zu entnehmen, dass in verarbeiteten Getreideprodukten (besonders Weißbrot), Reis, Milch und Bier die größten Mengen von anorganischem Arsen vorkommen.

Tabelle 3: Geschätzte Mengen an anorganischem Arsen in ausgewählten Lebensmitteln und Trinkwasser sowie lebensmittelbedingte menschliche Exposition gegenüber Arsen ausgehend von einem hohen Verzehr dieser Lebensmittel (erstellt nach EFSA, 2015)

Lebensmittel & Getränke	Geschätzte Arsenmengen in Lebensmitteln ($\mu g/kg$)	Arsenaufnahme über Lebensmittel ($\mu g/kg/Tag$)
In großen Mengen verzehrte Lebensmittel		
Flüssige Milch	4,1	0,05
Weizenbrot & -brötchen	14,2	0,06
Alkoholfreie Getränke	6,9	0,13
Bier	6,8	0,25
Trinkwasser	2,1	0,08
Lebensmittel mit höherem Arsengehalt		
Weißer Reis	88,7	0,23
Brauner Reis	151,9	0,38

Nitrat. Bei der Aufnahme von Nitrat wird dieses im Körper in die toxische Form Nitrit umgewandelt. Vor allem bei Säuglingen wird dadurch der Sauerstofftransport im Blut verhindert, was zur Zyanose, der Blausucht, führen kann (Balzer und Schulz, 2014). Weiterhin können im Magen-Darmtrakt Nitrosamine gebildet werden,

welche im Verdacht stehen, krebserregend zu sein (ebd.). Die Aufnahme geschieht hauptsächlich über Trinkwasser, aber auch einige
Gemüsesorten können Nitrat enthalten. Vor allem über Düngung
gelangen die Stoffe in Nährstoffkreisläufe (Haber und Salzwedel,
1992).

Pestizide. Wie bereits in Teil 3.4.1 (Boden) erwähnt, verschwinden Pestizide nicht einfach, sondern werden über verschiedene
Prozesse abgebaut oder gespeichert. So werden diese unter anderem von der Pflanze aufgenommen und gespeichert (siehe Abb.
20). Die Pestizid-Konjugate sind häufig persistent und verbleiben
folglich über die gesamte Vegetationsperiode hinweg im pflanzlichen Gewebe (Sandermann, 1987). Die verbleibenden Rückstände
können potentiell toxische Wirkungen sowohl in der Pflanze als
auch im Menschen hervorrufen (ebd.). Abbildung 21 zeigt, dass einerseits die gebildeten reaktiven Metabolite oder Sauerstoffradikale
in der Pflanze selbst mutagen wirken können, oder aber die in der
Pflanze gespeicherten Pestizidkonjugate können in Tier und
Mensch zu mutagenen Effekten führen (ebd.).

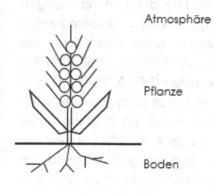

	Atmosphäre	Verdampfen, Verwehen
		Bindung an Aerosole
		Chemische Umwandlung
		Photochemische Umwandlung
	Pflanze	Bindung an Oberfläche
		Aufnahme, Transport, Speicherung
		Abiotische und biotische
		Umwandlungen
	Boden	Bindung an Bodenkomponenten
		Abiotische und biotische Umwandlungen
		Auswaschen, Versickern

Abbildung 20: Prozesse, die zum scheinbaren "Verschwinden" von ausgebrachten
Pestiziden führen (erstellt nach Sandermann, 1987)

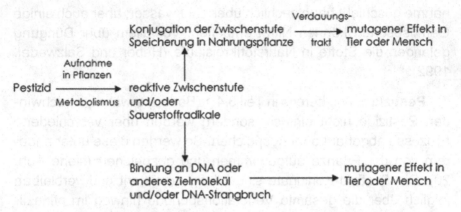

Abbildung 21: Prozesse der mutagenen Pestizid-Aktivierung in Pflanzen (erstellt nach Sandermann, 1987)

Die Europäische Behörde für Lebensmittelsicherheit (EFSA) führt jährliche Untersuchungen zu Pestizidrückständen in Lebensmitteln durch und setzt Höchstwerte für akzeptable Mengen fest, die MRLs (*Maximum Residue Levels*). Diese gesetzlich geltenden Werte werden oftmals weit unterhalb der toxikologischen Grenzwerte festgelegt (Moretto, 2008). Für die Überprüfung werden Untersuchungen von Lebensmitteln aus allen EU-Mitgliedsstaaten zusammengefasst. Die in Abbildung 22 zusammengefassten Ergebnisse von 2016 zeigen, dass 97,2% aller überprüften Lebensmittel unter die erlaubten Limits der EU Gesetzgebung fallen (EFSA, 2016). Davon waren 53,3% vollkommen frei von messbaren Rückständen, während 43,9% im Bereich der legalen Beschränkungen lagen. Trotz der guten Ergebnisse wurden die Höchstwerte in 2,8% der getesteten Lebensmittel überschritten. Da einige davon jedoch nur knapp darüber lagen und Messunsicherheiten berücksichtigt werden müssen, können noch 1,7% der Proben mit einer sicheren Überschreitung festgestellt werden. Bei den importierten Lebensmitteln waren

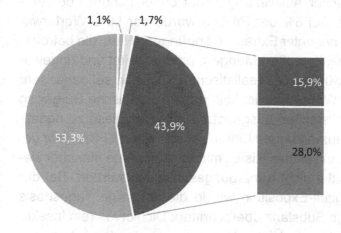

1,1% 1,7%

15,9%

43,9%

53,3%

28,0%

- frei von Rückständen
- knappe Überschreitungen der MRL
- deutliches Überschreiten der MRL
- Einfachrückstände (innerhalb der MRL)
- Mehrfachsrückstände (innerhalb der MRL)

Abbildung 22: Pestizidrückstände auf Lebensmitteln (erstellt nach EFSA, 2016)

die Überschreitungen noch etwas häufiger, mit insgesamt 5,6% (EFSA, 2016). An dieser Stelle ist jedoch wichtig zu beachten, dass eine Überschreitung der MRL-Konzentration nicht zwangsläufig ein Sicherheitsbedenken darstellt, da die MRL-Werte wie bereits erwähnt sehr niedrig angesetzt sind. Doch auch wenn geringe Rückstände als unproblematisch eingestuft werden, ist zu betonen, dass über 45% unserer Lebensmittel mit Schadstoffen belastet sind. Aufgrund der hohen Aussetzung der Konsumenten hat die EFSA Untersuchungen auf Kurzzeit- und Langzeit-Expositionen vorgenommen. Für kurzzeitige Expositionen mit Pestizidrückständen wurde die große Mehrheit der Proben als unbedenklich angesehen: Sie liegen innerhalb eines Bereichs, welcher nur sehr unwahrscheinlich ein Risiko schädlicher Auswirkungen auf die Gesundheit der Verbraucher darstellt. Bei 6% der Proben wurde der MRL-Wert zwar überstiegen, aber nur unter Extrembedingungen: Wenn die betroffenen Nahrungsmittel in großen Mengen, unverarbeitet und ungewaschen gegessen würden. Die realistische Exposition sei daher sehr viel geringer. Die Wahrscheinlichkeit, dass Europäische Bürger so hohen Pestizidrückständen ausgesetzt sind, dass diese zu negativen Gesundheitsauswirkungen führen, ist somit laut EFSA *„sehr gering"*, jedoch kann ein akutes Risiko mit der Aufnahme mancher weniger Nahrungsmittel nicht ganz ausgeschlossen werden. Bei der geschätzten Langzeit-Exposition wurde die zulässige Tagesdosis für nur eine einzige Substanz überschritten: Dichlorvos (ein Insektizid). Da aber auch hier die Überschreitung nur unter den extremsten Szenarien erreicht wurde, zugleich Proben mit hohen Rückständen nur sehr gering vorkommen (0,02%), und außerdem die aktive Substanz in der EU nicht mehr zugelassen ist, wird ein Gesundheitsrisiko durch Dichlorvos von der EFSA als *„unwahrscheinlich"* eingestuft. Das Risiko der Pestizidbelastungen ist daher für die Konsumenten laut EFSA insgesamt *„gering"*. Neben Einzelbelastungen konnten zusätzlich in allen Arten von untersuchten Nahrungsmitteln Rückstände von mehr als nur einem Pflanzenschutzmittel nachgewiesen werden. 28% aller Proben sind mit solchen Mehrfachrückständen belastet, wobei Bananen (58,4%), Tafeltrauben (58,3%), und Paprika (24,4%) an erster Stelle stehen. Mehrfachrückstände entstehen durch die Anwendung von mehreren Pestiziden oder von Pestiziden, die mehr als einen Wirkstoff enthalten (EFSA, 2016). Moretto (2008) hat in seinem Artikel „Exposure to multiple chemicals" die Auswirkungen von multiplen Chemikalien aus Pestizidrückständen in Lebensmitteln untersucht. Dabei ist die Einordnung der Stoffe in ihre Wirkmechanismen von Bedeutung: Wirkungen von Verbindungen sind unabhängig voneinander, wenn sich die Wirkmechanismen zwischen zwei Chemikalien einer Mischung unterscheiden, und wenn eine Chemikalie die andere nicht beeinflusst. Die Identifikation von gemeinsa-men Wirkungsmechanismen einer Gruppe ist daher wichtig, um eine angemessene Risikobewertung vorzunehmen (Moretto, 2008). Aufgrund der niedrigen Exposition von einzelnen Pestiziden (normalerweise (weit) unter der wirksamen Dosis), kommt Moretto jedoch zu dem Schluss, dass die Exposition einer Mischung an Verbindungen mit verschiedenen Wirkungsmechanismen im Vergleich zu einer Aussetzung mit den individuellen Verbindungen der Mischung kein erhöhtes Risiko darstellen – so lange die Exposition innerhalb der vorgegebenen Referenzwerte liegt, also unter ihrem wirksamen Level. Daher scheint die Risikobeurteilung für chemische Mischungen keine Priorität zu haben. Diese Ansicht ist jedoch stark diskutiert, und eine vorsorgliche Vermeidung von multiplen Rückständen ist sicherlich vorzuziehen. Zusammenfassend sind fast die Hälfte unserer Lebensmittel mit Pestizidrückständen belastet, viele davon mit multiplen Rückständen, jedoch sind die gesundheitlichen Risiken als lediglich gering einzuschätzen.

3.4.5.2 Landwirte

Neben Schadstoffen und Verunreinigungen auf Lebensmitteln sind direkte Gesundheitsrisiken der konventionellen Landwirtschaft für die Landwirte hoch. An dieser Stelle soll nur kurz mithilfe eines Zitats aus dem Weltagrarbericht auf die gesundheitlichen Probleme der konventionellen Landwirte eingegangen werden:

„Die Landwirtschaft gehört neben Bergbau und Baugewerbe zu den drei gefährlichsten Berufsfeldern der Welt. Von den vielen Millionen Arbeitsunfällen pro Jahr enden mindestens 170.000 tödlich. Hauptursache sind Unfälle mit Maschinen und Vergiftungen mit Pestiziden oder anderen Agrarchemikalien, aber auch physische Überbelastung, Lärm, Staub, Allergien und von Tieren übertragene Krankheiten."

(Zukunftsstiftung Landwirtschaft, 2013)

3.4.5.3 Unbeabsichtigte Nebeneffekte

Ein weiterer Punkt sind unbeabsichtigte Nebeneffekte von Zuchtsorten und eine daraus möglicherweise folgende Toxizität. Dieser Punkt ist besonders im Vergleich zu gentechnisch hergestellten Sorten von Bedeutung. Ein gutes Beispiel bieten die Clearfield-Sorten (siehe Kapitel 3.3.4). Die Zucht der Herbizidtoleranz der Pflanzen erfolgte über Samen-Mutagenese (Weston et al., 2012). Bei der Mutagenese werden zufällige Veränderungen im Erbgut hervorgerufen, und die Pflanzen werden im Anschluss anhand von optischen Merkmalen ausgelesen. Dabei können Veränderungen stattfinden, welche unbemerkt bleiben. Im menschlichen Körper können diese Veränderungen zu ungewollten toxischen Nebenwirkungen oder allergischen Reaktionen führen. Bislang traten zwei Sorten mit ungewollter Toxizität auf: Zum einen Kartoffeln mit zu hohen Mengen an Solanin, zum anderen Sellerie mit hohem Anteil an Psoralen (Kempken und Kempken, 2006; Ronald und Adamchak, 2008). Psoralen erhöht die Resistenz gegen Insekten, ist in zu hohen Mengen allerdings giftig für den Menschen (Ronald und Adamchak, 2008). Bei gentechnisch veränderten Pflanzen im Gegenzug werden einzelne Gene gezielt verändert und anschließend genauestens überprüft, bevor sie auf den Markt kommen (genaueres siehe Kapitel 4). Daher scheinen gentechnisch hergestellte Pflanzen sicherer zu sein als solche konventionell gezüchteten Pflanzensorten. Während die Clearfield-Resistenz genauso wenig natürlich erworben wurde wie bei der gentechnischen Variante, scheint die Akzeptanz der Clearfield-Sorten im Gegenzug zur Ablehnung der Gentechnik-Sorten fragwürdig und willkürlich, da beide dieselbe Wirkungsweise und somit auch gleiche Risiken aufweisen (genaueres siehe Kapitel 4.3).

3.4.6 Weltproduktion

Zur Ernährungssicherung in der Zukunft muss die erzielte Ernte immer weiter ansteigen. Um die Ausweitung der Ackerflächen und den damit verbundenen Rückgang der Biodiversität zu vermeiden, ist eine Erhöhung der Ernteerträge unbedingt notwendig. Jedoch neigt sich der Anstieg des Ernteertrags bei den drei wichtigsten Getreidesorten langsam dem Ende zu: Die Grafik von Long und Ort (2010) zeigt, dass die Steigerung des Ertrags seit Mitte des 20. Jahrhunderts enorm war. Jedoch wurde dieser Anstieg sowohl bei Weizen als auch bei Reis immer weniger. Während zwischen 1987 und 1997 die durchschnittliche Weizenernte um 17% anstieg, wurden zwischen 1997 und 2007 nur noch 2% verzeichnet (Long und Ort, 2010). Lediglich beim Mais scheint die Anstiegsrate weiterhin hoch zu bleiben. Unsere traditionellen Getreidesorten, allen voran

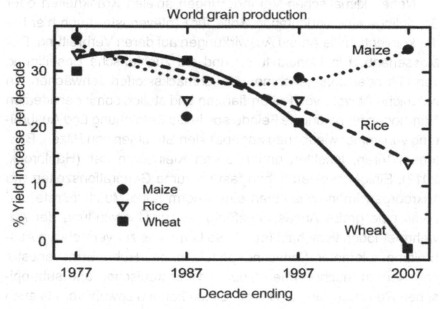

Abbildung 23: Anstieg (in %) der weltweiten Produktion pro Jahrzehnt bei den drei wichtigsten Getreidearten (Long und Ort, 2010)

der Weizen, scheinen langsam ausgeschöpft zu sein. Die Auslas-
tung nähert sich einer Obergrenze, ab welcher die durch Zucht er-
reichbaren Erträge nicht mehr weiter steigerbar sind. Die Zucht der
Pflanzen geht auf Kosten ihrer genetischen Vielfalt, welche aber eigentlich notwendig ist, um möglichst viele neue Eigenschaften zu
kombinieren. Beim Verlust der Vielfalt gehen auch Möglichkeiten
zur Ertragssteigerung und -sicherung verloren. Auch die Europäische Kommission berichtet von eingeschränktem Wachstum aufgrund von stetiger Reduktion der landwirtschaftlichen Nutzfläche
und einer nur langsamen Erntesteigerung in der EU (European
Commission, 2015). Auch Klimaereignisse wie Trockenheiten und
intensive Regenfälle werden mit Ernteverlusten in Verbindung gebracht, so führten diese im Jahr 2015 zu einem 25-prozentigen
Rückgang in der Produktionsrate von Mais (ebd.).

Neben klimatischen Veränderungen spielen Krankheiten oder
Schädlinge eine bedeutende Rolle für Ernteverluste. Auch hier hat
der konventionelle Anbau Auswirkungen auf deren Verbreitung. Der
Massenanbau in Monokulturen und die züchterische Beseitigung
von Gift oder unangenehmen Geschmacksstoffen schwächen die
natürliche Abwehr von Kulturpflanzen und stellen somit den idealen
Nährboden für natürliche Feinde sowie die Entstehung und Ausbreitung von immer wieder neu angepassten Stämmen von Pilzen, Bakterien, Viren, Insekten und anderen Kleintieren dar (Hahlbrock,
2012). Einige Insekten haben fast so kurze Generationszeiten wie
Mikroorgansimen, was ihnen eine enorm hohe Mutationsrate und
somit eine große Anpassungsfähigkeit zur Überwindung der Ab-
wehrmethoden verschafft (ebd.). So kommt es zur vermehrten Ausbreitung toleranter Schädlingspopulationen. Hohe Ernteverluste,
vor allem in feuchtwarmen Gebieten der tropischen und subtropischen Regionen, sind die Folge. Diese können sowohl vor als auch
nach der Ernte auftreten und in Extremfällen über die Hälfte der po-

tentiellen Ernte vernichten (Hahlbrock, 2012). Als weitere Problematik können zudem ungewollte Eigenschaften über Polleneinkreuzung in Unkrautarten gelangen. Diese können beispielsweise Resistenzen gegen Infektionen oder Pestizide tragen. Oftmals geschieht dies von Getreidepflanzen auf verwandte Wildgräser, jedoch wurden bislang noch keine negativen Konsequenzen festgestellt (Kempken und Kempken, 2006).

Der derzeit maßlose Umgang mit den vorhandenen Ressourcen in Industrieländern ist weiterhin als durchaus problematisch einzustufen und muss eingedämmt werden, um den Welthunger zu bekämpfen. Die Menschen sollten lernen, Maße zu setzen, und Quantität durch Qualität zu ersetzen (Hahlbrock, 2012). Einige Nahrungsreserven liegen zudem in der Reduktion der Massentierhaltung, welche hohe Mengen an Nahrungsmitteln verbraucht, die direkt für den menschlichen Verzehr verwendet werden könnten. Auch in anderen Bereichen müssen Verbesserungen durch erhöhtes Bewusstsein und Sensibilität erzielt werden. Der Schutz der Biosphäre hat höchste Priorität, da sie den Anbau von Nahrungsmitteln erst ermöglicht. Auch der Stopp des Bevölkerungswachstums sowie die Lösung des Verteilungsproblems von Nahrungsmitteln zwischen Arm und Reich sind wichtige Schritte für die zukünftige Versorgung der Menschheit.

3.5 Diskussion

Wenn wir uns den sicheren Betriebsbereich der Erde und das Überschreiten der Belastungsgrenzen ins Gedächtnis rufen wird klar, dass dringender Handlungsbedarf besteht. Dafür sind vor allem Wissen und intensive Beratung notwendig, um Fehlhandlungen zu vermeiden und sich der weitreichenden Auswirkungen von landwirtschaftlichen Methoden bewusst zu werden. Auch Meyer-Grüne-

feldt (2015) plädiert für eine Stärkung des Verantwortungsbewusst-
seins für Fehlverhalten, und das Umweltbundesamt spricht sich für
*„Fortbildungs- und Weiterbildungsmaßnahmen zur Sachkundever-
besserung der Anwender"* aus (Balzer und Schulz, 2014). Leider
besteht oftmals ein Kommunikationsproblem zwischen Forschung,
Politik und Landwirtschaft. Mit einer verbesserten Absprache der
drei Bereiche könnten einige Verbesserungen erreicht werden. Besondere Vorsicht ist bei allgemeingültigen Allround-Maßnahmen
geboten, da Lösungen immer an die jeweiligen Verhältnisse der
Anbauregion angepasst sein müssen und generell nicht einfach,
sondern in komplexen Zusammenhängen wirken. Mit einer Verknüpfung von wissenschaftlichen Erkenntnissen mit gesetzlichen
Entscheidungen und dem Wissen der Landwirte über den Hinter-
grund der Maßnahme könnten Umweltbelastungen und andere
Probleme verbessert werden. So sollte eine langfristige Planung
von Handlungen erste Priorität haben, und Landwirte dürfen sich
nicht von bequemen Kurzzeit-Alternativen verführen lassen, welche
langfristig großen Schaden anrichten. Schwermetallbelastungen
und Erosionen sind irreversibel, und Boden-verdichtung, zu hoher
Gülleeinsatz sowie verborgene Pestizideinsätze nicht hinnehmbar
(Haber und Salzwedel, 1992). Eine langfristige und schwerwiegende Schädigung der Böden durch die derzeitigen Methoden ist
nicht auszuschließen. Mithilfe von wissenschaftlichen Erkenntnissen können komplexe Zusammenhänge besser beurteilt werden.
Das richtige Maß an Handlungen einzuschätzen ist enorm wichtig,
auch wenn es oftmals nicht möglich ist, die perfekte Lösung zu finden (ebd.). So müssen Nutzen und Schaden immer gegeneinander
abgewogen werden: Bei der Anwendung von Pflanzenschutzmitteln
können Ernteverluste über Erhöhen des Einsatzes verringert werden, jedoch steigen damit die Umweltbelastungen. Das richtige Maß
der Anwendung ist sehr schwer einzuschätzen, jedoch können genaue Fachkenntnisse und das Wissen um die Folgen des Pestizi-

deinsatzes die Entscheidungsfindung verbessern. Die konventionelle Landwirtschaft kann zusammenfassend als nicht nachhaltig beschrieben werden, da sie gravierende und irreversible Umweltzerstörungen durch Abholzung, Erosion, Wasserverschmutzung und den Rückgang der Artenvielfalt mit sich bringt. Die Methoden der grünen Revolution haben zwar zu enormen Ertragssteigerungen geführt, aber sie haben auch weitreichende Schäden in unserem Ökosystem verursacht. Generell fallen die Auswirkungen auf alle Bereiche des Ökosystems umso negativer aus, je größer die behandelte oder bearbeitete Fläche ist. Zudem gelten die genannten Folgen zumeist bei einer sachgemäßen Ausbringung von Düngern und Pflanzenschutzmitteln. Jedoch gibt es immer wieder Anwendungsfehler, was in vielen Fällen gravierende Folgen hat, zum Beispiel bei der Kontamination von Grundwasser oder der Beeinflussung des lokalen Ökosystems durch Pflanzenschutzmittel. Eine Aufklärung der Landwirte ist daher erneut als unerlässlich zu nennen. Eine Förderung von nachhaltigen Methoden, welche den Klimawandel nicht weiter beschleunigen, sondern sich ihm anpassen, scheint weiterhin notwendig zu sein.

4 GVP-basierte Landwirtschaft

Die Optimierung des Erbguts von Kulturpflanzen steht seit jeher im Zentrum der Landwirtschaft (NFP 59, 2012). Mit dem Fortschritt der Technik entstanden auch neue Methoden der Pflanzenzucht. Durch die gezielte Veränderung des Genoms eines Organismus ist es nun mit gentechnischer Hilfe möglich, auch über die Artgrenze hinaus neue Eigenschaften auf Kulturpflanzen zu übertragen. So können einzelne Gene, welche aus jeder beliebigen Quelle stammen können, in das Pflanzengenom integriert werden. Durch das präzise Vorgehen ist es möglich, gezielt spezifische Eigenschaften der Pflanze vorteilhaft zu verändern. Der Anbau von gentechnisch veränderten Pflanzen (GVPs) mit Eigenschaften zur Reduzierung von Ernteverlusten wird immer beliebter. Derzeit sind die mit Abstand häufigsten Eigenschaften von GVPs die Toleranz von Herbiziden, und die Resistenz gegen bestimmte Insekten-Schädlinge (siehe Abb. 24). Auch eine Kombination aus beiden Eigenschaften ist mit 28% aller angebauten GVPs beliebt.

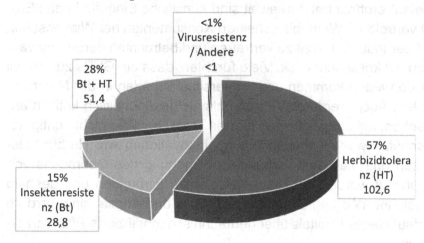

Abbildung 24: Eigenschaften weltweit angebauter GVPs im Jahr 2014 in Mio. ha (erstellt nach James, 2014)

© Springer Fachmedien Wiesbaden GmbH, ein Teil von Springer Nature 2020
K. Kellermann, *Die Zukunft der Landwirtschaft*, BestMasters,
https://doi.org/10.1007/978-3-658-30359-4_4

Die Gentechnik bietet einige Vorteile gegenüber der konventionellen Pflanzenzucht. So können Gene im Labor untersucht und wenn nötig verändert werden, bevor sie in eine Pflanze eingebracht werden. Die Funktionen der Gene sind daher genauestens bekannt und können gezielt integriert werden. Zudem wird bei erfolgreicher Transformation eine Sequenzanalyse durchgeführt, sodass die Stelle im Genom, an welcher das neue Gen eingesetzt wurde, genau bestimmt wird. Einige Methoden der Gentechnik unterscheiden sich dabei kaum von der herkömmlichen Zucht: Bei der Cisgenese wird ausschließlich auf Gene derselben Art zurückgegriffen, es werden also keine artfremden Gene eingebracht (NFP 59, 2013). Sie bietet lediglich eine Möglichkeit, die Zuchtvorgänge zu beschleunigen und zu präzisieren.

Jedoch gibt es auch viele kritische Stimmen zur Gentechnik. So wird das direkte Eingreifen in das Erbgut der Pflanzen als „unnatürlich" angesehen, was eine riesige ethische Debatte über das „Gott spielen" eröffnet hat: Inwieweit sind künstliche Eingriffe in das Erbgut vertretbar? Weiterhin scheinen Konsumenten der Wissenschaft und der Industrie nicht zu vertrauen und betrachten deren Innovationen mit kritischem Blick. Viele fürchten, dass die GVPs zu schnell auf den Markt kommen und irreversible Schäden in der Natur anrichten. Auch werden GVPs oftmals als gesundheitlich kritisch angesehen, mit Langzeitfolgen für den Menschen, die nicht richtig abgeschätzt werden können. Einige Innovationen wie Herbizidtoleranzen und die damit verbundene Erhöhung des Gebrauchs von Glyphosat werden mit Umweltproblemen verbunden und deshalb abgelehnt. Wie begründet diese Kritiken und Ängste sind, wird im Verlauf dieses Kapitels über gentechnisch modifizierte Pflanzen erläutert.

4.1 Herstellungsmethoden

Um die Vorgehensweise der Gentechnik besser zu verstehen und die damit verbundenen Chancen und Risiken besser einschätzen zu können, werden in diesem Abschnitt die Grundprinzipien der gängigsten Methoden zur Herstellung von gentechnisch modifizierten (GM-) Pflanzen kurz erklärt. Der Knackpunkt der Gentechnik ist die gezielte Übertragung (Transformation) von ausgewählten Genen auf andere Organismen.

Eines der gängigsten Verfahren ist die Transformation mittels *Agrobacterium tumefaciens*, einem Bodenbakterium, welches die Eigenschaft besitzt, einen Teil seiner DNA auf Pflanzenzellen zu übertragen. Normalerweise wird hierdurch die Bildung von Tumoren induziert, in welchen die Bakterien sich weiter vermehren können (Kempken und Kempken, 2006). Das Tumor-induzierende (Ti-) Plasmid, welches einen Teil der DNA in die verletzte Pflanze einbringt (die Transfer- bzw. T-DNA), wird nun so modifiziert, dass es die für die Pflanze negativen Eigenschaften verliert und nur noch das *vir*-Gen trägt, welches die Transformation, also den Einbau der Virus-DNA in die pflanzliche DNA, steuert. Beim heutigen binären Vektorsystem wird ein zweites Plasmid erstellt, welches die modifizierte T-DNA mit dem einzubringenden Gen trägt. Zusätzlich enthält es ein Markergen, meist eine Antibiotikaresistenz, mit dessen Hilfe man später die transformierten Zellen von den untransformierten unterscheiden kann. Neuere Methoden sind in der Lage, die Marker im Nachhinein wieder zu entfernen (Kempken und Kempken, 2006). Dann kann die fertige GVP nicht mehr von einer konventionell gezüchteten Pflanze unterschieden werden, was politisch gesehen zu Problemen führen kann. Alternativ kann inzwischen auch auf Antibiotikaresistenzmarker verzichtet werden. Stattdessen wird ein Isopentyltransferase-Gen zur Cytokinin-Synthese eingebracht, mit welchem die Pflanze ohne weitere Zugabe des Phytohormons spontan Sprosse bilden kann (Kempken und Kempken, 2006). Oder das Gen der Phosphomannose-Isomerase (PMI) aus *E.coli* wird eingesetzt, welches es der Pflanze ermöglicht, den Zucker Mannose als Kohlenstoffquelle zu nutzen und so auf einem Zucker-nährboden zu wachsen, auf welchem untransformierte Zellen ihr Wachstum einstellen (Kempken und Kempken, 2006; Ronald und Adamchak, 2008). Eine vierte Möglichkeit sind Reportergene, welche zwar nicht selektiv sind, aber deren Genprodukte leicht durch bestimmte Methoden nachweisbar sind (Kempken und Kempken, 2006). Beispiele für solche Reportergene sind die Enzyme β-Glucoronidase oder Luciferase, welche ein spezifisches Substrat umsetzen und so nachgewiesen werden können (ebd.). Das *green floureszent protein* (GFP) dagegen zeigt eine Floureszenz bei geeigneter Wellenlänge (ebd.). Die *Agrobacterium tumefaciens*-vermittelte Transformation ist vor allem bei dikotylen Pflanzen erfolgreich. Kritisch an der Vorgehensweise ist der Umstand, dass die Transformation nicht an der gesamten Pflanze, sondern an geeigneten Teilstücken stattfindet. Anschließend muss aus den somatischen Zellen über Protoplasten und der Entwicklung eines Kallus die vollständige Pflanze regeneriert werden.

Eine Alternative bietet die **biolistische Transformation**, mit welcher die Regeneration aus Protoplasten umgangen werden kann, und welche auch für Monokotyledonen geeignet ist. Hierbei werden kleine Gold- oder Wolframpartikel mit DNA beschichtet und mithilfe einer mit Helium angetriebenen Apparatur, der „Genkanone", mit hoher Geschwindigkeit auf die Zellen geschossen (Kempken und Kempken, 2006; Shewry et al., 2008). Die Partikel sind so klein, dass sie ohne einen dauerhaften Schaden zu verursachen in die Zelle eindringen können (Kempken und Kempken, 2006). Vorteile dieser Methode sind, dass sie für jeden Organismus angewandt werden kann und sie außerdem sehr viele Gene auf einmal übertragen kann. Außerdem ist es inzwischen gelungen, pflanzliche Plastiden zu transformieren (ebd.). Wie man sich denken kann, sind jedoch auch einige Nachteile mit dieser Methode verbunden. So wird schnell klar, dass ein blinder Beschuss der DNA mit Gen-Fragmenten vermutlich nicht sehr effektiv ist. Die Transformationsrate liegt lediglich bei 0,05% (Kempken und Kempken, 2006). Außerdem werden die Gene an willkürlichen Stellen im Genom eingebaut und können so wichtige Abschnitte zerstören. Weiterhin gehen die erfolgreichen Transformationen häufig durch Methylierung (Eigenabwehrmechanismus der Pflanzen gegen fremde DNA) oder durch posttranskriptionelle Störungen wieder verloren, und liegen oft in vielfachen Kopien vor, was zu genetischer Instabilität führen kann (ebd.).

Die letzte gängige Methode ist die **Protoplastentransformation**, bei welcher zuerst zellwandlose Protoplasten hergestellt werden. Deren Membranen werden dann durch die chemische Substanz Polyethylenglykol permeabilisiert, sodass DNA aufgenommen werden kann (Kempken und Kempken, 2006). Alternativ können auch elektrische Stromstöße erfolgen, welche eine kurzzeitige Depolarisierung auslösen und so die Aufnahme von DNA ermöglichen (ebd.). Dieser Vorgang wird *Elektroporation* genannt. Bei beiden Vorgängen wird die DNA ebenfalls an zufälligen Stellen ins Genom integriert und eine anschließende Regeneration der Pflanzen über Kalli ist notwendig.

Die Entwicklung in der Gentechnik ist rasend, und so gibt es inzwischen viele neue Genome Editing-Methoden, mit welchen die DNA sequenzspezifisch geschnitten werden kann und so eine ziemlich genaue Insertion des Gens an der gewünschten Stelle im Genom möglich ist (z.B. **CRISPR/Cas** oder **Zinkfingernukleasen**). Diese Methoden verbessern die Genauigkeit und somit die Sicherheit bei der Herstellung von GVPs. Da eine genauere Erklärung der Vorgehensweise dieser Methoden in biologische Details ausarten und somit den Rahmen dieser Arbeit sprengen würde, soll hier die

Erwähnung der Methoden für das Verständnis der Risikobewertung ausreichend sein.

4.2 Chancen der (Grünen) Gentechnik

Die Methoden der Gentechnik eröffnen Möglichkeiten vielversprechender Verbesserungen in den Charakteristiken von Pflanzen. Neue Eigenschaften können in das Erbgut der Pflanzen eingebracht werden und somit den Anbau erleichtern und die negativen Effekte der Landwirtschaft auf die Umwelt verbessern. Die Möglichkeiten der Gentechnik reichen über das Einbringen von fremden Genen hinaus. So können auch arteigene Gene übertragen werden, wie es bei der bereits erwähnten Cisgenese gemacht wird. Sie wird häufig eingesetzt, um Krankheitsresistenzen aus Wildsorten, welche bei der Züchtung verloren gegangen sind, wieder einzubringen. Wie das nationale Forschungsprogramm (NFP 59, 2013) der Schweiz erklärt, sind gentechnische Methoden hier sehr viel schneller als die konventionelle Züchtung: In 5 Jahren kann so ein gewünschtes Gen in eine Pflanze eingebracht werden, was mit herkömmlichen Zuchtmethoden 20 Jahre dauern würde. Aber auch bereits vorhandene Gene können durch Gentechnik-Methoden verstärkt werden. Außerdem kann die Expression von unvorteilhaften Eigenschaften einer Pflanze über *Gene Silencing* abgeschaltet werden. Dies kann entweder durch Methylierung der betroffenen Gene erfolgen oder über RNA-Interferenz: Hierbei werden DNA-Konstrukte genutzt, welche eine Doppelstrang-RNA generieren (Shewry et al., 2008). Da doppelstrangige RNAs von pflanzeneigenen Abwehrmechanismen generell abgebaut werden, bewirkt diese wiederrum die sequenzspezifische Degradation zelleigener Gene mit identischem genetischem Code (Ronald und Adamchak, 2008; Shewry et al., 2008). *Gene Silencing* ermöglicht aber auch die Konstruktion von Resistenzen gegen Krankheiten und Schädlinge. Dann werden RNA-Sequenzen antiparallel zur RNA des Eindringlings eingefügt, sodass bei Auftauchen der entsprechenden Sequenz in der pflanzlichen Zelle lebensnotwendige Funktionen jenes Eindringlings abgeschaltet werden.

Aus Abbildung 25 wird ersichtlich, dass Schädlinge, Krankheiten und Unkrautkonkurrenz große Probleme in der Landwirtschaft darstellen. In diesen Bereichen werden bislang viele Pestizide eingesetzt, um Verluste möglichst gering zu halten. Diese sind jedoch ökologisch sehr bedenklich, wie in Kapitel 3.4 ausführlich beschrieben. Daher ist das Interesse an alternativen Möglichkeiten sehr groß. Besonders Schädlingsresistenzen und Herbizidtoleranzen sind derzeit beliebte Eigenschaften gentechnisch veränderter Pflanzen (siehe Abb. 24 oben). In den folgenden Abschnitten werden die Chancen der grünen Gentechnik anhand der neuen Eigenschaften von Kulturpflanzen erläutert, von welchen viele noch in den Kinderschuhen stecken.

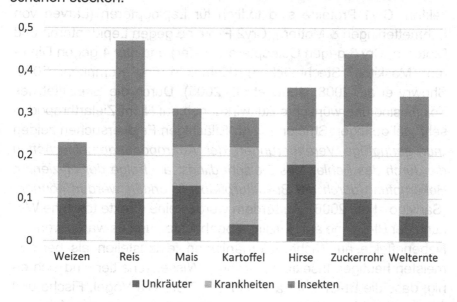

Abbildung 25: Ernteverluste durch Schädlinge, Krankheiten und Unkrautkonkurrenz (erstellt nach Kempken und Kempken, 2006; Sinemus und Minol, 2004/2005)

4.2.1 Schädlingsresistenzen

Zur Bekämpfung von Schädlingen werden bisher üblicherweise Insektizide verwendet. Insektizide wirken unspezifisch und sind somit für gleich viele Insekten toxisch, was großen Schaden bezüglich der Artenvielfalt auf und auch um Agrarfelder anrichten kann. Als Alternative wurden mithilfe der Gentechnik Pflanzen entwickelt, welche das Insektizid selbst produzieren. Der Vorteil hierbei liegt unter anderem in der größeren Spezifität des Toxins. Das sogenannte Bt-Gift hat seinem Namen vom Bodenbakterium *Bacillus thuringiensis*, welches verschiedene kristalline Proteine herstellen kann, die als Abwehr gegen bestimmte Insekten wirken. Die durch die sogenannten Cry-Gene produzierten Endotoxine zerstören Zellen im Verdauungssystem der Ziel-Insekten, was zu deren Tod führt (The National Academies of Sciences (NAS), 2016). Die verschiedenen Typen der Cry-Proteine wirken spezifisch gegen verschiedene Arten von Insekten: Cry1 Proteine sind tödlich für Lepidopteren (Larven von Schmetterlingen & Motten), Cry2 Proteine gegen Lepidopteren und Dipteren, Cry 3 gegen Coleopteren (Käfer) und Cry 4 gegen Dipteren (Moskitos, Stechmücken) (Kempken und Kempken, 2006; Shewry et al., 2008; Snow et al., 2005). Durch die Spezifität des Toxins sind unerwünschte Auswirkungen auf Nicht-Zielarthropoden sehr viel geringer: Studien mit großflächigen Feldversuchen zeigen *„nur geringfügige Veränderungen der Arthropodengemeinschaften die durch das Fehlen des Zielschädlings, als Folge der effizienten Bekämpfung durch die Bt-Kulturpflanzen, erklärt werden können"* (Sanvido et al., 2006). Außerdem wurde keine direkte toxische Wirkung der Bt-Toxine auf Nützlinge beobachtet, und es waren weniger Nebeneffekte auf Nicht-Zielorganismen festzustellen als bei den meisten heutigen Insektiziden (ebd.). Wissenschaftler sind sich einig, dass die Bt-Gifte für alle anderen Tiere wie Vögel, Fische und Säuger – und damit auch für den Menschen – unschädlich sind (Kempken und Kempken, 2006; Shewry et al., 2008; Snow et al.,

2005). Die Ecological Society of America (ESA) berichtet, dass es keine Aufzeichnungen für eine Karzinogenität gibt (Snow et al., 2005). Dennoch zielt das Toxin auf die Abtötung der Schädlinge hin. Man könnte sich daher die Frage stellen, ob es nicht auch möglich wäre, die Pflanze unattraktiv als Nahrungsmittel für Schädlinge zu machen, wie vielleicht durch einen bitteren Geschmack. Dies wäre vermutlich effektiv und hätte keinerlei negative Auswirkungen auf die Biodiversität. Natürlich dürften die geernteten Teile der Pflanze nicht auch für den Menschen bitter schmecken. Eine Forschung in diese Richtung wäre in jedem Fall eine sinnvolle Investition. Dennoch sind aufgrund der spezifischen Wirksamkeit von Bt-Toxin in den Feldern mit Bt-Mais und Bt-Baumwolle mehr Nicht-Ziel-Invertebraten vorhanden als bei den traditionellen Varianten, welche mit synthetischen Insektiziden behandelt wurden (Ronald und Adamchak, 2008; The National Academies of Sciences (NAS), 2016). Dies führt zu einer größeren Vielfalt von Insektenarten und somit zu einer erhöhten Biodiversität. Besonders Mais und Baumwolle werden derzeit häufig als Bt-Variante angebaut: Mais hat in manchen Gebieten große Probleme mit dem Maiszünsler. Bei ökologisch angebautem Mais befindet sich aufgrund der mangelnden Möglichkeit zur Bekämpfung beim Kauf meist noch die Raupe im Mais (Ronald und Adamchak, 2008). Im konventionellen Anbau sind Pestizideinsätze notwendig. Genauso hat Baumwolle oftmals große Ernteverluste aufgrund des Baumwollkapselbohrers. Dagegen resultiert der Anbau von Bt-Baumwolle in einer signifikanten Reduktion der Menge und Anzahl an Insektizidanwendungen und in höheren Ernteerträgen (Sanvido et al., 2006). Besonders in Entwicklungsländern wird von einem deutlich geringeren Einsatz von Pestiziden auf Bt-Feldern berichtet: In Indien hat sich der Verbrauch von Pestiziden halbiert (NFP 59, 2013), und Sinemus und Minol (2004/2005) berichten sogar von Studien, nach welchen der Verbrauch von Pflanzenschutzmitteln in Indien teilweise um sogar 70% reduziert wurde. Auch in China konnte eine Abnahme des Pestizideinsatzes um 25% im Jahr 2001 festgestellt werden (ebd.). Der verringerte Einsatz von Pflanzenschutzmitteln hat zudem besonders in den Entwicklungs-ländern nachweislich zu einer besseren Gesundheit vieler Landwirte geführt: Vergiftungen bei Bauern sind um zwei Drittel zurückgegangen (NFP 59, 2013; Sanvido et al., 2006). Weltweit konnten 60% der Farmer ganz auf den Einsatz von zusätzlichen Pestiziden verzichten (Kempken und Kempken, 2006). Zusätzlich zur geringeren Umweltbelastung wurde eine Ertragssteigerung durch den Anbau von Bt-Baumwolle um durchschnittlich 7% verzeichnet (ebd.). Auch hier profitieren die Entwicklungsländer am meisten: Bei tropischem oder subtropischem Klima konnten bis zu 80% höhere Erträge als bei konventionellen Baumwollsorten durch die erfolgreiche Bekämpfung von Schädlingen erreicht werden (Kempken und Kempken, 2006; Sinemus und Minol, 2004/2005)! Generell ist ein Insektizid besonders dann erfolgreich, wenn auch eine hohe Anzahl von Schädlingen anwesend ist. Auch müssen die angebauten Bt-Pflanzen gut auf die im jeweiligen Gebiet vorkommenden Insektenarten abgestimmt sein. Ansonsten kann die Bt-Pflanze die Anwendung von Pestiziden nicht ersetzen und ihr Anbau ist nicht sinnvoll. Beim Bt-Mais sind die Zahlen nicht ganz so überwältigend, da der Maiszünsler seltener mit Insektiziden bekämpft werden muss (Sanvido et al., 2006). Trotzdem gibt es auch hier eine Ertragssteigerung von 9% sowie einen um 10% gesunkenen Insektizideinsatz (Kempken und Kempken, 2006). Allgemein wurde festgestellt, dass in Gebieten mit vielen Bt-Pflanzen weniger Schädlinge vorzufinden sind (Snow et al., 2005). Die obigen Zahlen zeigen, dass eine Schädlingskontrolle durch Bt-Pflanzen generell effektiver ist als die Behandlung mit synthetischen Insektiziden. Dies ist unter anderem darauf zurückzuführen, dass die Cry-Gene der Pflanze kontinuierlich exprimiert werden, während Insektizidbehandlungen nur zu bestimmten Zeitpunkten stattfinden (Sanvido et al., 2006).

Jedoch steigt in diesen Bereichen der Selektionsdruck auf die Insekten, sodass eine schnelle Entwicklung von Resistenzen gefördert wird. Um dem entgegenzuwirken, hat die US-Amerikanische Regierung eine **regulatorische Strategie** angeordnet, durch welche die Evolution von Resistenzen gegen Bt in den Zielinsekten verzögert wird. Die National Academies of Sciences (NAS) erklären in ihrem Bericht von 2016 das Vorgehen folgendermaßen: Bt-Pflanzen müssen so hohe Dosen an Bt-Toxinen enthalten, dass auch Insekten mit partieller genetischer Resistenz gegen das Toxin abgetötet werden. Außerdem müssen Zufluchtsorte mit Nicht-Bt-Arten in oder nahe der Felder mit den Bt-Arten anwesend sein, sodass ein gewisser Prozentsatz von Individuen, welche für das Toxin sensibel sind, diesem nicht ausgesetzt ist und überlebt. Diese sollen sich dann mit den wenigen resistenten Individuen, welche auf dem Bt-Feld überleben, paaren, sodass sensible Nachkommen entstehen. Die Methode war bisher erfolgreich. Auf Feldern ohne diese Maßnahme wurden jedoch Resistenzen gegen Bt-Toxin in den Zielinsekten gefunden. Die NAS (2016) berichtet davon, dass die Resistenz des Roten Baumwollkapselwurms in Indien gegen zwei Toxine der Bt-Baumwolle schon weit verbreitet ist. Es ist also die *Art der Anwendung*, welche entscheidend für den Erfolg einer GVP ist!

Auch der konventionelle und sogar der ökologische Landbau haben die Vorteile des spezifisch wirkenden Bt-Toxins bereits für sich entdeckt. Obwohl ökologische Landwirte natürlich keine transgenen Pflanzen anbauen, werden deren Felder schon seit Jahren mit Bt-Toxin besprüht (Ronald und Adamchak, 2008; Snow et al., 2005). Tatsächlich scheint es aber sinnvoller, das Protein in den Pflanzen produzieren zu lassen als es zu spritzen, da beim Spritzen viel höhere Mengen benötigt werden und ein großer Teil des Toxins in den Boden gelangt. Exprimiert die Pflanze das Protein selbst, ist sie – aber nicht alles um sie herum – kontinuierlich gegen Schädlinge geschützt. Doch auch hier können die Bt-Toxine über die Wurzeln oder mit Pflanzenresten nach der Ernte in den Boden gelangen (Sanvido et al., 2006). Auf die Auswirkungen auf Mikroorganismen im Boden wird bei der Risikoabschätzung in Kapitel 4.3.1.3 genauer eingegangen.

Neben Bt-Pflanzen gibt es noch weitere Ansätze für GVPs mit Insektenresistenzen. Ronald und Adamchak (2008) berichten beispielsweise von Walnussbäumen, welche durch Nematoden im Boden stark in ihrem Wachstum eingeschränkt sind. Bisher gibt es keine andere Möglichkeit, als die Nematoden mit Methylbromid zu bekämpfen, ein Pestizid der besonders schädlichen Art: *„Es tötet alles Lebendige im Boden, setzt Farmarbeiter einem erhöhten Risiko von Prostatakrebs aus und ist eine Chemikalie, die zum Abbau der Ozonschicht beiträgt"* (Ronald und Adamchak, 2008, Übersetzung KK). Bio-Bauern dagegen akzeptieren die geringere Ernte, um die Umwelt zu schonen. Die Autoren zeigen hier ein Beispiel auf, bei welchem Gene Silencing das Potential einer erfolgreichen Alternative aufweist, welche Landwirten, Konsumenten und der Umwelt nutzen könnte. Bisher bleibt dies allerdings eine von vielen Ideen, die noch in der Entwicklung stecken.

Außer der Entwicklung von GVPs zur Schädlingsbekämpfung bekommen insektentötende GM-Pilze und -Nematoden steigende Aufmerksamkeit (Snow et al., 2005). Genauso sind genmodifizierte Baculoviren zur biologischen Kontrolle von Insekten bereits im Einsatz (ebd.). Auch in vielen anderen Bereichen werden Bakterien landwirtschaftlich gewinnbringend modifiziert, so gibt es beispielsweise Frostban-Bakterien, welche Frost in Pflanzen vorbeugen und Blightban-Bakterien, welche Äpfel vor dem gefürchteten Feuerbrand schützen.

4.2.2 Resistenzen gegen Pathogene

Wie in Abbildung 25 gezeigt, sorgen auch Krankheiten für große Verluste in der Ernte. Jedoch ist die Gentechnik im Bereich der Resistenzen gegen Pathogene noch nicht so weit fortgeschritten wie bei den Schädlingsresistenzen (siehe Abb. 24). Derzeit wurden drei Arten von virusresistenten Kulturpflanzen zur Kommerzialisierung freigegeben: gentechnisch modifizierte Kartoffeln, Kürbisse und Papayas (Snow et al., 2005). Das bekannteste und auch bedeutendste Beispiel des Erfolgs der Gentechnik ist die genmodifizierte Papaya, welche gegen den Papayaringfleckenvirus (PRSV) resistent ist. In ihrem Buch „Tomorrow's Table" (2008) erklären der Bio-Landwirt Raoul Ronald und seine Frau Pamela Adamchak, eine pflanzengenetische Wissenschaftlerin, die Geschichte des Erfolgs der GM-Papaya: Der Papaya-Anbau wurde seit den 1950ern aufgrund des PRSV vom Festland auf die Insel Hawaii verlegt. In den 1980er Jahren wurde aber auch hier die Gefahr einer Infektion immer größer, was enorme Konsequenzen für die Bauern haben würde. In den späten 1980ern wurde schließlich das Prinzip des Gene Silencing entdeckt: So führt das transgene Mantelprotein eines Virus in Pflanzen zu einer Resistenz gegen eben dieses Virus (Snow et al., 2005). Mithilfe der Gentechnik konnte nun eine neue Papaya-Sorte erschaffen werden, welche ein Gen für das Mantelprotein des PRSV besitzt und daher vollkommen resistent gegen eine Infektion mit dem Papayaringfleckenvirus ist (ebd.). Ronald und Adamchak (2008) erklären, dass es damals wie heute keine andere Möglichkeit gibt, die Papayapflanzen vor dem PRSV zu schützen und dies ein gutes Beispiel dafür ist, dass in manchen Fällen die Gentechnik die beste Technologie darstellt, um ein bestimmtes landwirtschaftliches Problem zu lösen. Die GM-Papaya hat durch die Gene-Silencing Methode keinerlei negative Auswirkungen auf andere Organismen in der Umgebung. Die zweite Pflanze, die GM-Kartoffel, ist gegen den Virus der Blattrollkrankheit resistent. Außerdem besitzt sie ein zusätzliches Bt-Gen, welches sie gegen Insekten-Schädlinge schützt (Shewry et al., 2008). Laut Shewry et al. (2008) wurde diese jedoch wieder vom Markt genommen, da die „hoch-lukrative Fast-Food-Industrie" keinen Gebrauch von ihr machen wollte. An diesem Beispiel erkennt man sehr gut, wie viel Macht die Einstellung großer Konzerne oder Organisationen auf die Entwicklung der Landwirtschaft und damit auch der Gentechnik hat. Die Haltung der Gesellschaft zu dieser neuen Technologie ist bisher ein großes Hindernis für dessen Fortschritt.

Ein weiterer Grund für Ernteausfälle können Pilze sein. So wurde die Kartoffelernte in Irland 1845 und in den Folgejahren fast vollständig durch den Kartoffelmehltau vernichtet, was zu großen Hungersnöten und millionenfacher Auswanderung führte (Kempken und Kempken, 2006). Bisher gibt es zwar noch keine pilzresistente Pflanze auf dem Markt, allerdings gibt es schon vielversprechende Resultate aus Feldstudien für eine gegen Kraut- und Knollenfäule resistente Kartoffel (Shewry et al., 2008). Hier konnten Resistenzgene aus Wildkartoffeln eingeführt werden, welche den weltweiten Ernteverlust von bisher ca. 20% verbessern könnte (NFP 59, 2013). So könnte der Einsatz von Fungiziden, welcher bisher in der Landwirtschaft beinahe unumgänglich ist, reduziert werden. Auch Bio-Landwirte haben bisher keine effektive Methode zur Bekämpfung dieses Pilzes gefunden (NFP 59, 2013).

Forschungen zu Resistenzen gegen Bakterien sind ebenfalls schon im Gange, so werden in Laborexperimenten der Schweiz derzeit Gene zur Feuerbrandresistenz aus Wildapfelsorten in das Erbgut von Gala-Apfelbäumen eingefügt (NFP 59, 2013). Dies wurde laut NFP 59 auch auf konventionelle Weise erreicht, allerdings dauert es sehr viel länger und ist wesentlich unpräziser, da sich mit der Zucht auch andere Eigenschaften des Apfels verändern. Bisher wird zur Bekämpfung das Antibiotikum Streptomycin eingesetzt. Die

Kommerzialisierung von bakterien-resistenten Sorten könnte daher den Antibiotikaeinsatz auf den Feldern verringern.

4.2.3 Ertragssteigerung

Die Gentechnik könnte dazu beitragen, dass zukünftig weniger Fläche benötigt wird, um einen bestimmte Ernteertrag zu erzielen. Obwohl es bisher noch keine wissenschaftlichen Beweise dafür gibt, dass GM-Eigenschaften zu einer Ertragssteigerung gegenüber konventionellen Pflanzen geführt haben (The National Academies of Sciences (NAS), 2016), sind dennoch Möglichkeiten vorhanden. So sind die Steigerung der Photosyntheserate oder die biologische Stickstofffixierung aus der Luft, welche über hochgradig speziali-sierte Symbiosen mit Rhizobien (Knöllchenbakterien) zur Stickstoff-fixierung bei den Leguminosen üblich ist, große Ziele von Gentech-nikern (Hahlbrock, 2012). Für beide Fälle sind jedoch noch keine konkreten Ansätze vorhanden. Wie aber auch am Beispiel der Bt-Baumwolle bereits dargestellt wurde, können GM-Pflanzen zu einer Reduktion von Ernteverlusten und dadurch zu einer *Sicherung des Ertrags* beitragen. Im Vergleich zu konventionellen Pflanzen kann daher – unter geeigneten Umständen – ein höherer Ertrag erreicht werden. Hierbei ist noch einmal zu betonen, dass es immer auf die richtige Art und Weise des Einsatzes von GVPs ankommt.

4.2.4 Toleranz von abiotischem Stress

Aufgrund des Klimawandels werden die Bedingungen für den Ackerbau immer schwieriger. Immer längere Trockenperioden oder plötzliche Frostereignisse in vielen Gebieten der Erde sind die Folge. Um die wachsende Bevölkerung auch in Zukunft zu ernäh-ren, könnte eine höhere Stresstoleranz dazu beitragen, Pflanzen besser an solche Bedingungen anzupassen. Zudem gehen durch die intensive Landwirtschaft immer mehr Agrarflächen aufgrund von

Versalzung oder Schwermetallbelastung der Böden verloren. Gentechnische Veränderungen der Kulturpflanzen können dazu beitragen, landwirtschaftliche Flächen in Zukunft auch auf solche Problemzonen auszuweiten.

Shewry et al. (2008) erklären, dass die genetische Basis der abiotischen Stresstoleranz sehr komplex ist. Trotzdem sind bereits vielversprechende Ansätze vorhanden. So haben Garg et al. (2002) die Expression von Trehalose in Reispflanzen erhöht, um deren Stresstoleranz zu verbessern. Trehalose ist ein Disaccharid, welches unter abiotischen Stressbedingungen in Bakterien, Pilzen und Invertebraten gebildet wird. In den meisten Pflanzen wird Trehalose nicht in großen Mengen produziert. In ihrem Experiment haben die Wissenschaftler ein Trehalose-Gen aus dem Bakterium *Escherichia coli* zur Überexpression in Reispflanzen eingebracht. Einige der transgenen Linien zeigten im Vergleich zu nicht-transgenen Reispflanzen bessere Leistungen unter den Stressbedingungen **Salz, Trockenheit und niedrigen Temperaturen**.

Eine andere Möglichkeit zur **Toleranz von versalzten Böden** wurde mit der Identifikation verschiedener Salz-transporter, besonders des Na/H^+-Antiporters in der Vakuole und der Plasma-membran, eröffnet (Apse und Blumwald, 2002). Durch eine Überexpression dieser Proteine kann eine Pflanze vermehrt Salz aus dem Zytoplasma ihrer Zellen in die Vakuole transportieren. GM-Tomatenpflanzen mit dieser Eigenschaft können in Wasser mit hohem Salzgehalt wachsen und somit höchst wahrscheinlich auch auf Böden, welche aufgrund von Versalzung derzeit als unfruchtbar gelten (Zhang und Blumwald, 2001). Zusätzlich wird das überschüssige Salz fast ausschließlich in den Blättern akkumuliert, während ein nur sehr geringer Anstieg an Na^+ und Cl^- in den Früchten beobachtet wurde (ebd.). Als weiteren Vorteil des Anbaus von salztoleranten Pflanzen wird von einer reduzierten Menge an Salz im Boden nach der Ernte der mit Salz angereicherten GM-Pflanzen berichtet (Sinemus und Minol, 2004/2005).

Ähnliche Ansätze gibt es gegen das Problem der **Bodenkontamination mit Schwermetallen**. In einer transformierten Tulpenbaum-Linie wurde ein Gen für die Quecksilberreduktase aus Bakterien exprimiert (Kempken und Kempken, 2006). Dadurch kann hochgiftiges Quecksilber in eine ungefährlichere Form umgewandelt werden. So konnten die Pflanzen im Experiment *„wesentlich höhere und für normale Pflanzen toxische Quecksilberkonzentrationen"* tolerieren (ebd.). So könnten verseuchte Böden entgiftet und wieder landwirtschaftlich nutzbar gemacht werden.

Monsanto konnte erfolgreich den ersten **trockentoleranten GM-Mais** produzieren, welcher aufgrund des bakteriellen Proteins CspB („cold shock protein B") eine verbesserte Ernte unter Trockenheit ermöglicht (Nemali et al., 2015). Da Maispflanzen ursprünglich tropische Gewächse sind, sind sie von Natur aus empfindlich gegen Frost und Trockenheit. Die genaue Funktion der CSPs ist nicht bekannt, aber es wird vermutet, dass sie eine RNA-bindende Chaperon-Funktion erfüllen, welche über posttranskriptionale Mechanismen Stressreaktionen steuern (Castiglioni et al., 2008). Die neue Maissorte kann sich besser anpassen, indem sie bei Trockenheit das Blattwachstum verringert und so den Wasserverbrauch reduziert (Nemali et al., 2015). Im Vergleich zur konventionellen Kontrolle konnte die Ernte um 6% gesteigert werden (ebd.). Ein weiterer Vorteil zeigt sich darin, dass keine negativen Effekte mit der Stresstoleranz assoziiert werden, da die Produktivität der Pflanze unter gut bewässerten Bedingungen nicht nachteilig ist (Castiglioni et al., 2008).

Auch um die Frostempfindlichkeit von Maispflanzen zu verbessern, wurden in Laborversuchen Linien mit erhöhter **Frosttoleranz** hergestellt. Im Experiment von Shou et al. (2004) wurde eine

Mitogen-aktivierte Protein Kinase Kinase Kinase (MAPKKK) aus Tabakpflanzen in die Maispflanzen eingebracht. Die MAPKKK wird normalerweise durch H_2O_2 aktiviert und leitet oxidative Signalkaskaden für erhöhte Stressreaktionen ein, wie möglicherweise die Synthese von Hitzeschock-Proteinen (ebd.). Die konstitutive Expression der MAPKKK konnte im Experiment zu einer erhöhten Frosttoleranz in transgenen Maispflanzen führen. Die Verbesserung der Frosttoleranz um 2°C könnte laut Autoren die Ernteverluste aufgrund von Frostschäden im Frühling und Herbst drastisch verringern. Weiterhin wurde keine starke Verzögerung des Wachstums durch die Expression des Gens festgestellt. Entwicklungen wie diese lassen also auf Verbesserungen bei der Toleranz von Frost in Kulturpflanzen hoffen.

All diese Möglichkeiten zur Verbesserung der abiotischen Stresstoleranz sind wichtig für die Ertragsgarantie. Durch verringerte Verluste ist auch weniger Anbaufläche für dieselben Erträge notwendig. Außerdem kann so die Anbausaison erweitert werden, sodass auch bei Kälte oder Trockenheit mehr Pflanzen regional angebaut werden können (Ronald und Adamchak, 2008). Dadurch würden Transportkosten und der dadurch entstehenden CO_2-Verbrauch eingespart. Zudem sind regionale Produkte oftmals frischer und enthalten mehr Nährstoffe (ebd.). Die Vorteile stresstoleranter Pflanzen sind also in gleich mehreren Aspekten vielversprechend und daher nicht zu verkennen. Trotz der vielversprechenden Aussichten sind die Vorgänge extrem komplex und oftmals schwer zu beeinflussen, weshalb viele Wissenschaftler pessimistisch sind hinsichtlich der Effizienz und der Kommerzialisierung solcher Pflanzen (Sanvido et al., 2006).

4.2.5 Verbesserung der Produktqualität

Die bisher genannten Verbesserungen betreffen allesamt die sogenannten Input-Traits, welche die Leistung und den Schutz der Pflanze auf dem Feld betreffen (Shewry et al., 2008). In diesem Bereich dagegen sollen die Zusammensetzung oder Qualität des geernteten Produktes, die Output-Traits, verbessert werden. So sind eine Erhöhung von Proteinen und essentiellen Aminosäuren oder die Reduktion von natürlich vorkommenden Allergenen in der Pflanze möglich. Weiterhin kann auch eine effizientere Verarbeitung in das Endprodukt Ziel der genetischen Veränderung sein, wie es bei ein GM-Kartoffel „Amflora" der Fall ist, welche einen erhöhten Anteil an Stärke besitzt. Diese und der schädlingsresistente Bt-Mais "MON 810" sind die einzigen beiden GM-Sorten, die derzeit in Europa angebaut werden.

Ein **erhöhter Gehalt an Vitaminen und Mineralien** ist besonders in Entwicklungsländern hilfreich. Ein Mangel an Vitamin A kann zu Nachblindheit und auf Dauer auch zur vollständigen Erblindung führen. Die WHO schätzt die Anzahl der Vorschulkinder, welche an Vitamin A-Mangel leiden, auf 250 Millionen, von welchen zwischen 25% und 50% ihr Augenlicht ganz verlieren (Zukunftsstiftung Landwirtschaft, 2013). Besonders in armen Ländern ist das Risiko zu erblinden um das Vielfache höher als in Industrieländern, da sich die Menschen dort oftmals nur einseitig ernähren können. Reis dient dort fast immer als Grundnahrungsmittel. Reiskörner enthalten kein β-Carotin, aber eine Vorstufe, das Geranylgeranylpyrophosphat (Kempken und Kempken, 2006). Daher haben Forscher eine neue Reis-Linie entwickelt, welche die Gene für drei Enzyme enthält, die diese Vorstufe in β-Carotin umwandeln können, welches wiederrum von Menschen in Vitamin A verarbeitet werden kann (Kempken und Kempken, 2006; Shewry et al., 2008). Aufgrund des β-Carotins erhielt der GM-Reis eine neue Farbe und seinen spektakulären Namen: „Golden Rice". Dieser Reis war die erste transgene Pflanze, welche nicht für die Landwirte, sondern für den Endverbraucher von Vorteil ist (Kempken und Kempken, 2006). Da der Nutzen hierbei für jeden deutlich erkennbar ist, wird mit einer höheren Akzeptanz des Produktes gerechnet als bei anderen GM-Sorten. Bisher ist er aber lediglich eine experimentelle Linie, dessen Merkmale derzeit in kommerzielle Zuchtlinien eingebracht werden (Shewry et al., 2008).

Weitere Entwicklungen könnten **Lagerungsfähigkeit und Geschmack** eines Nahrungsmittels verbessern. Ein bekanntes Beispiel ist die Anti-Matsch-Tomate, bei welcher durch Gene Silencing einige Enzyme abgeschaltet werden, die für das Verrotten der Frucht verantwortlich sind (Kempken und Kempken, 2006). Dadurch kann diese in reiferem Zustand geerntet werden und schmeckt besser.

Eine Verbesserung der Output-Traits könnte mit einer höheren Akzeptanz der Produkte einhergehen, da der Nutzen vom Verbraucher direkt ersichtlich ist. Auch die Gesundheit der Konsumenten könnte durch eine bessere Versorgung mit essentiellen Nährstoffen durchaus ansteigen. Eine verbesserte Lagerungsfähigkeit kann helfen, regionale Produkte über einen längeren Zeitraum hinweg zu vermarkten und zudem Lebensmittelabfälle zu verringern. Einige Investitionen wie ein verbesserter Geschmack von Tomaten scheinen dagegen eher Luxusprobleme zu sein, weshalb weitere Entwicklungen und deren potentieller Nutzen mit Blick auf die zukünftige Welternährung genau abgeschätzt werden sollten.

4.2.6   Herbizidtoleranz

Wie zu Beginn des Kapitels (Abb. 25) gezeigt, sind Unkräuter neben Krankheiten und Insekten das dritte große Problem in der Landwirtschaft. Diese können große Schäden anrichten, da sie oftmals invasiv sind und so die Ernte zerstören können. Herbizidtoleranz (HT) ist mit 85% die derzeit häufigste vermarktete gentechnische Eigenschaft (siehe Abb. 24). Die Roundup Ready-Sojabohne von Monsanto zum Beispiel hat sehr großen Erfolg in vielen Ländern und nimmt 2002 in den USA 81% des gesamten Soja-Anbaus ein (Shewry et al., 2008). Sie besitzt eine transgene Resistenz gegen das Breitbandherbizid Glyphosat. Glyphosat wirkt auf die EPSP-Synthase (5-Enolpyrovylshikimat-3-Phosphatsynthase), ein Enzym, welches für die Synthese von vielen aromatischen Pflanzenmetabolismen benötigt wird, wie der Bildung einiger Aminosäuren, Vitamine und sekundärer Pflanzenstoffe (Kempken und Kempken, 2006; Shewry et al., 2008). Es gibt mehrere Mechanismen, um eine Resistenz gegen Glyphosat zu erreichen. So kann das Resistenzgen ein Gen für eine Variante der EPSP-Synthase aus *Agrobacterium tumefaciens* besitzen, welche nicht von Glyphosat beeinflusst wird (Shewry et al., 2008). Oder es kann eine Überproduktion der EPSP-Synthase erfolgen bei gleichzeitiger Bildung einer bakteriellen Oxidoreduktase, welche das Herbizid inaktiviert (Kempken und Kempken, 2006). Eine dritte Möglichkeit ist eine mutagenisierte Form der pflanzlichen EPSP-Synthase, welche ebenfalls unempfindlich gegen Glyphosat ist (ebd.). Die Herbizidtoleranz führt zu einer effektiveren Unkrautkontrolle und weniger Abhängigkeit von Fruchtwechsel oder mechanischer Bodenbearbeitung. HT-Pflanzen haben zu einer signifikanten Erhöhung der Direktsaat geführt, welche zur Steigerung der Bodenqualität beiträgt (siehe Kapitel 3.4.1). Durch das Breitbandherbizid müssen Landwirte nur noch ein einziges Herbizid benutzen anstelle von vielen verschiedenen. Der geringere Arbeitsaufwand steigert also den wirtschaftlichen Nutzen und somit die Rentabilität für Landwirte (NFP 59, 2013). Die amerikanische NAS (2016) berichtet vom Erfolg der HT-Pflanzen durch eine erhöhte Ernte unter geeigneten Anbaubedingungen aufgrund der verbesserten Unkrautkontrolle.

In Europa wurden dagegen von der Europäischen Bürgerinitiative (2017) Unterschriften für ein Verbot von Glyphosat gesammelt, mit der Begründung, dass dieses krebserregend sei und zu einer Verschlechterung des Zustands von Ökosystemen geführt habe. Keine Frage, auch Glyphosat ist ein umweltschädigendes Herbizid. Studien ergeben jedoch, dass Monsantos Roundup weniger schädlich ist als andere Herbizide wie Metolachlor, Atrazin oder Diuron (Ronald und Adamchak, 2008). Solche Herbizide gehen ins Grundwasser, Glyphosat dagegen degradiert mit einer Halbwertszeit von drei bis 60 Tagen relativ schnell im Boden (Ronald und Adamchak, 2008; Shewry et al., 2008; Kempken und Kempken, 2006). Somit kann der Gebrauch von Glyphosat die momentane Wasserqualität sogar verbessern. Gegen die Vermutung vieler Gegner ist Glyphosat nicht giftig für den Menschen, da die EPSP-Synthase in Tieren nicht vorkommt. Die Weltgesundheitsorganisation (WHO) hat gemeinsam mit der Ernährungs- und Landwirtschaftsorganisation der Vereinten Nationen (FAO) nach einem Treffen bestätigt: *„Es ist unwahrscheinlich, dass Glyphosat ein karzinogenes Risiko für den Menschen [...] darstellt"* (2016, Übersetzung KK). Trotzdem gibt es durchaus berechtigte Einwände gegen den Einsatz von HT-Pflanzen, denn durch die Toleranz wird der sorglose Umgang mit Herbiziden gefördert. Auch hier gilt wieder, dass der Nutzen von der Anwendungspraxis der Landwirte abhängig ist.

Die genauen Auswirkungen von herbizidtoleranten Pflanzen auf die Biodiversität wurden im Jahr 1999 in der weltweit größten Studie, dem **UK Farm-Scale Evaulations Project**, durchgeführt. Hierbei wurden GVPs mit ihren konventionellen Varianten verglichen. Untersucht wurden im Winter und im Frühling ausgesäter Raps, Zuckerrüben und Mais (Burke, 2003). Im Experiment wurden über 60 Felder in zwei Teile geteilt und jeweils eine Hälfte konventionell und eine Hälfte mit herbizidtoleranten GVPs bepflanzt (Andow, 2003). Bedenkt man die normalerweise bei ökologischen Experimenten übliche Größe von 3-5 Feldern (ebd.) wird klar, welch überwältigendes Ausmaß diese Studie umfasst. Es wurden tausende Samenbanken und Arthropoden-Stichproben ausgewertet und miteinander verglichen, um die Abundanz verschiedener Wildarten festzustellen. So konnten ganze Produktionssysteme betrachtet werden. Als Nachteil der Methode kann angemerkt werden, dass keine direkten Effekte der Herbizide, der HT-Produkte oder der Anwendungsmethode der Herbizide aufgezeigt werden können (ebd.). Jedoch ist es möglich zu sehen, wie HT-Pflanzen die Umwelt vermutlich beeinflussen, weshalb an dieser Stelle genauer auf die Studie eingegangen wird.

Zuerst ist zu betonen, dass es viele Gemeinsamkeiten zwischen konventioneller und HT-Variante gab. Die meisten untersuchten Taxa (wie Insekten, Schnecken und Spinnen) wurden nicht von den HT-Pflanzen beeinflusst (Burke, 2003). Durch den enormen Umfang der Studie konnten aber auch kleine Veränderungen wahrgenommen werden, welche bei großflächigem Anbau der HT-Pflanzen zu signifikanten Umweltstörungen führen könnten. In einer Broschüre des *Farmscale Evaluations Research Consortium und des Scientific Steering Committee* (Burke, 2003) werden die Befunde der Studie dargestellt. Auch David A. Andow erläutert in seinem 2003 in der *Nature* veröffentlichten Artikel die Ergebnisse. Im Folgenden wird die Auswertung der Studie mithilfe der beiden Artikel zusammengefasst.

Beim HT-Raps sowie bei den HT-Zuckerrüben konnte festgestellt werden, dass das Glyphosat sehr effektiv war, also weniger Unkräuter und deren Samen vorhanden waren. Deswegen waren auch weniger Bienen, Schmetterlinge und Samen-fressende Käfer zu finden. Inwiefern aber die Populationen tatsächlich beeinflusst sind, ist unklar, denn Bienen und Schmetterlinge können weite Distanzen fliegen um ihre Nektarressourcen zu finden, sodass ein Rückgang an Unkräutern auf den HT-Feldern nicht unbedingt große

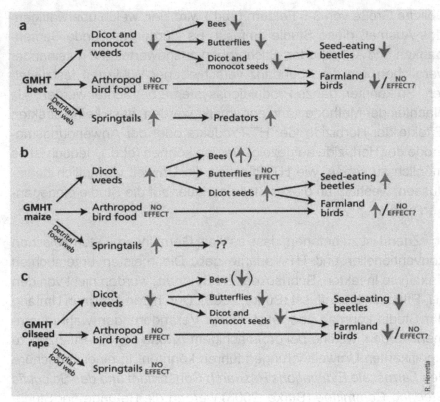

Abbildung 26: Effekt von herbizidtoleranten Pflanzen auf Unkrautarten, Arthropoden sowie auf detrische Nahrungsnetze (Andow, 2003)

Effekte auf die Populationen haben muss. Bei steigendem Anbau der Pflanzen könnten sie jedoch stark betroffen sein. Es ist also entscheidend, wie stark die Schmetterlinge auf die Nektarressourcen dieser Pflanzen angewiesen sind. Da die Landwirte das Breitbandherbizid erst später in der Saison einsetzen können, profitieren die Springschwänze und deren Prädatoren von den transgenen Pflanzen. Beim Mais dagegen wirkt das konventionell im Experiment angewandte Herbizid Atrazin effektiv gegen Dikotyle, weshalb der HT-Mais im Vergleich mehr dikotyle Unkrautpflanzen und -samen in seinen Feldern aufweist. Dies führte im direkten Vergleich zu mehr Samen-fressenden Käfern, jedoch gab es keinen signifikanten Einfluss auf Bienen und Schmetterlinge. Die Ergebnisse zeigen, was auch die Forscher betonen: Die beobachteten Unterschiede stammen nicht unbedingt daher, ob diese Pflanzen gentechnisch modifiziert wurden, sondern von den neuen Möglichkeiten der Unkrautkontrolle, welche GVPs den Landwirten bieten (siehe auch Sanvido et al., 2006). So stehen andere Herbizide zur Verfügung, welche auch anders angewandt werden und andere Effekte auf die Umwelt haben.

Trotz der riesigen Datenmenge wird schnell klar, dass die Interpretation der Ergebnisse nicht eindeutig ist. Viele Auswirkungen sind noch immer ungeklärt und die Ausmaße der Umweltauswirkungen sind extrem komplex und fast nicht einzuschätzen. Je nach Pflanze, Produktionssystem, den konventionell genutzten Herbiziden oder der untersuchten Art gibt es signifikante Änderungen in Vorkommen und Diversität der Arten, bei welchen das Ergebnis ganz unterschiedlich positiv oder negativ ausfallen kann. Die enorme Komplexität wird von Sanvido et al. (2006) auf den Punkt gebracht: *„Die FSE gingen von der Annahme aus, dass die nicht-transgenen Sorten einzig durch herbizidtolerante GVP ersetzt würden und sonst keine weiteren Änderungen in der Anbautechnik stattfinden. Ob diese Annahme in der Praxis zutrifft ist schwer zu beurteilen, da der Anbau von herbizidtoleranten GVP auch andere Anbausysteme ermöglicht, so beispielsweise eine konservierende pfluglose Bodenbearbeitung. Diese hat eine grössere Verfügbarkeit von Pflanzenresten und Unkrautsamen zur Folge, was wiederum das Nahrungsangebot für Insekten, Vögel und Kleinsäuger verbessern kann".* Andow bemerkt weiterhin, dass auch Effekte auf Prädatoren wie z.B. Feldlärchen nicht geklärt sind, welche auf Samen und Arthropoden angewiesen sind. In der von ihm entnommenen Abbildung 26 sind seine Vermutungen der Auswirkungen auf Ackerland-

Vögel einbegriffen. Auf die Schwierigkeit der Risikoabschätzung wird in Kapitel 4.3.3 noch genauer eingegangen.

4.3 Risiken der (Grünen) Gentechnik

Trotz der vielversprechenden neuen Möglichkeiten welche die grüne Gentechnik bieten kann gibt es viele Kritiker, die große Bedenken bezüglich der Folgen von genmodifizierten Pflanzen auf die Umwelt oder die Gesundheit der Konsumenten haben. Es gibt viele ungeklärte Nebeneffekte, deren Auswirkungen nur sehr schwer eingeschätzt werden können. Zudem könnte es bisher unentdeckte Risiken geben, welche zu irreversiblen Änderungen in der Umwelt führen könnten. Viele Gegner fürchten, dass die GVPs zu schnell auf dem Markt eingeführt wurden, ohne dass die Risiken genau abgeschätzt wurden. Auf diese und andere potentielle Risiken wird im folgenden Abschnitt genauer eingegangen.

4.3.1 Für die Umwelt

4.3.1.1 Biodiversität

Eine der größten Sorgen von Gegnern der grünen Gentechnik ist die unkontrollierte Ausbreitung der GM-Pflanzen in natürliche Habitate aufgrund ihrer transgenen Eigenschaften, welche so enorme Fitness-Vorteile für die Pflanze bringen könnten, dass sie die heimische Natur irreversibel verändern könnte. Die Horror-Vorstellung von invasiven „Super-Pflanzen" schleicht sich in viele Köpfe bei der Vorstellung, eine Pflanze in ihrem Erbgut zu verändern. Jedoch wird schon seit Jahrhunderten das Erbgut von Kulturpflanzen zu unserem Vorteil manipuliert, auch bei der konventionellen Züchtung. Oftmals werden sogar viel tiefgreifendere Veränderungen vorgenommen als bei der gezielten Methodik der Gentechnik, z.B. bei der Protoplastenfusion oder der Mutagenese. Zudem werden auch die

Ergebnisse der Veränderung bei gentechnischen Verfahren viel genauer überprüft als bei konventionellen Zuchtmethoden, sodass die veränderten Eigenschaften genau bestimmt werden, bevor sie auf den Markt gelangen. Die Zulassungsbestimmungen sind streng, und so müssen derartige Risiken vorher genau abgeschätzt werden. Die GVPs sind keine Arten, die in ein fremdes Ökosystem kamen und sich dort unkontrolliert ausbreiteten, wie es bei invasiven Arten wie der Wasserpest oder dem Riesen-Bärenklau der Fall war (Kempken und Kempken, 2006). Die Pflanzen kamen durch die Landwirtschaft schon lange im jeweiligen Ökosystem vor und können dank Domestizierung ohne menschliche Hilfe dort nicht überleben, da der Großteil ihrer Energie für die Produktion von beispielsweise großen Früchten gebraucht wird, während die Landwirte für Konkurrenzfreiheit sorgen (Kempken und Kempken, 2006; Ronald und Adamchak, 2008). All jene Eigenschaften der Pflanze, welche so nützlich für den Bauern sind, machen es ihr sehr schwer, in der Wildnis zu überleben (Ronald und Adamchak, 2008). *„Moderne Kultursorten besitzen [...] nur ein geringes Verwilderungspotential und verbleiben daher in der Regel innerhalb der Kulturflächen"* (Sanvido et al., 2006). Da die transgenen Pflanzen in ihren Grundzügen dieselben domestizierten Arten bleiben und nur in einigen Merkmalen verändert wurden, gilt für sie dasselbe. Eine übermäßige Ausbreitung ist daher nicht zu erwarten. Dennoch sind einige GM-Pflanzen mit auch neuen Barrieren zur Vermeidung von Fraßfeinden ausgestattet (z.B. Bt-GMOs), welche mit Sicherheit auch Vorteile in der freien Wildnis mit sich bringen und so zu einer erhöhten Ausbreitungs- und Überlebenschance solcher GVPs führen könnten. Diese Arten sind daher sicherlich genauer ins Visier zu nehmen und umfangreiche Studien zu deren Ausbreitungspotential durchzuführen, bevor diese auf den Markt gebracht werden dürfen.

Aber nicht nur auf die Pflanzenwelt, sondern auch auf die Artenvielfalt von Tieren könnten GVPs negative Auswirkungen haben.

Das Bt-Gift insektenresistenter Pflanzen trifft trotz seiner Spezifität auch Arten, welche nicht direkt das Ziel der Schädlingskontrolle sind. So ist der Pollen des Bt-Mais auch toxisch für die Raupen des unschädlichen Monarchfalters (*Danaus plexippus*): Die Larven ernähren sich von den Blättern der Seidenpflanze (*Asclepias syriaca*), welche in und um Maisfelder wächst (Sears et al., 2001; Stanley-Horn et al., 2001). Pollen des Bt-Mais sind deshalb auf den Blättern der Seidenpflanze zu finden und werden von den Larven des Monarchfalters gefressen. Verschiedene Studien haben nun den Einfluss des Bt-Toxins auf die Bestände untersucht. Dabei wurde festgestellt, dass eine hochdosierte Bt-Expression durchaus signifikante Effekte auf Gewicht und Überleben der Larven hatte (Sears et al., 2001; Stanley-Horn et al., 2001). Diese GVPs wurden daher seit 2003 allmählich abgeschafft (Sears et al., 2001). Die neuen Bt-Hybride haben eine geringere Expression des Bt-Proteins und scheinen keinen direkten negativen Effekt auf das Überleben der Larven zu haben, selbst wenn die Pollendichte sehr hoch ist (Stanley-Horn et al., 2001; Sears et al., 2001). Tatsächlich beeinflusst Bt-Pollen deren Überleben nicht signifikant, während das konventionell eingesetzte Insektizid λ-Cyhalothrin die meisten Larven nach nur wenigen Stunden tötet (Stanley-Horn et al., 2001). Die Risiken des Bt-Gifts können daher nicht isoliert betrachtet werden, sondern müssen immer mit den Risiken bereits angewandter landwirtschaftlicher Praktiken verglichen werden. Negative Auswirkungen auf andere Organismen sind nicht vollkommen auszuschließen, jedoch sind sie oftmals weniger schädlich und nur für jene Arten toxisch, welche auch zum Wirkungsspektrum des Bt-Toxins zählen. Im Vergleich zu anderen konventionell eingesetzten Insektiziden wirkt das Bt-Gift nur auf sehr wenige Nicht-Zielarten und erlaubt somit bei richtiger Anwendung (siehe Kapitel 4.2.1) sogar eine höhere Artenvielfalt als es auf konventionellen Feldern üblich ist (Kempken und Kempken, 2006). Die Vorteile haben auch Bio-Landwirte erkannt, weshalb Bt auch im ökologischen Landbau gestattet ist.

Auch die Biosicherheit einer transgenen Weizensorte mit Resistenz gegen die Pilzkrankheit Mehltau wurde in einer Feldstudie des NFP untersucht. Dafür wurden nützliche Pilze (besonders Mykorrhiza) und Bodenbakterien (Pseudomonaden) auf den Wurzeln gezählt, die Fruchtbarkeit des Bodens geprüft und der Einfluss auf Insektennahrungsnetze untersucht (NFP 59, 2012). Das Ergebnis war, dass der Weizen *„keinen negativen Einfluss auf die Umwelt und Tiere"* hatte, und die *„Unterschiede, beispielsweise bei der Zahl der nützlichen Mikroorganismen im Boden, [...] zwischen verschiede-nen Getreidearten und Standorten viel größer [waren] als zwischen gentechnisch verändertem und nicht verändertem Weizen"* (NFP 59, 2013). Jedoch haben sich im Freilandversuch auch unerwünschte Eigenschaften bei der Hälfte der Pflanzen gezeigt: So wuchsen einige schlechter, bilden weniger Körner und die Blüten blieben länger offen, was zu einem stärkeren Befall mit dem giftigen Mutterkornpilz führte (ebd.). Erst in der Freilandstudie wurden diese Nebeneffekte erkannt, weshalb Feldstudien vor der Kommerzialisierung unerlässlich sind. Das NFP erklärt jedoch, dass auch bei konventionellen Kreuzungen solch unerwünschte Eigenschaften auftreten und auch diese in Feldversuchen getestet werden müssen, bevor sie eingesetzt werden (ebd.). Es ist also wichtig, Pflanzen auf ihre Umweltauswirkungen im Freiland zu testen, da komplexe Mechanismen vielerlei unbeabsichtigte Nebeneffekte verursachen können (siehe Kapitel 4.3.2.2). Bei positiven Versuchen und nach genauer Überprüfung haben GVPs allerdings keine negativeren Umweltauswirkungen als konventionell gezüchtete Pflanzen, sondern können die Biodiversität auf den Feldern sogar erhöhen.

4.3.1.2 Horizontaler Gentransfer

Durch Auskreuzung der GM-Kulturpflanzen mit wilden Verwandten besteht die Möglichkeit, dass diese die neuen Eigenschaften annehmen und invasiv werden könnten. Dieses Risiko besteht überall dort, wo verwandte Arten der GM-Kulturpflanzen einheimisch sind. Dies ist oftmals nicht der Fall, da viele Kulturpflanzen erst aufgrund ihres Nutzens aus weit entfernten Regionen eingeführt wurden. Gibt es aber einen wilden Verwandten, dann ist eine Auskreuzung unumstritten möglich. Genfluss zwischen sexuell kompatiblen Arten ist aufgrund der leichten und weiten Verbreitung von Pollen kaum zu verhindern (Snow et al., 2005). Jedoch muss beachtet werden, dass dies gleichermaßen für konventionelle Kulturpflanzen gilt. So kommt es oftmals zur spontanen Hybridisierung mit wilden Verwandten aus der Umgebung (Snow et al., 2005), dennoch gibt es keine bekannten Fälle, bei denen invasive Pflanzen in der Wildnis generiert wurden (Ronald und Adamchak, 2008). Der Raps ist die bisher einzige Pflanze, bei welcher transgene Segmente in Wildpopulationen nachgewiesen wurden, da dieser viele wilde verwandte *Brassicaceen*-Arten in Mitteleuropa besitzt (Kempken und Kempken, 2006; Ronald und Adamchak, 2008). Mit geringer Häufigkeit bilden sich unter natürlichen Bedingungen Hybride mit der Weissen Rübe (*Brassica rapa*), jedoch ist noch unklar, ob die übertragenen Transgene in den Pflanzenpopulationen zu ökologisch relevanten Veränderungen führen können (Sanvido et al., 2006). Bisher wurde *„in natürlichen Habitaten [...] keine langfristige Introgression von gentechnisch veränderten Sequenzen in Populationen wilder Pflanzenarten beobachtet, die zum Aussterben einer wilden Pflanzenart geführt hätte"* (Sanvido et al., 2006). Wichtig für die Wahrscheinlichkeit der Verbreitung eines Transgens ist die vermittelte Eigenschaft. Bringt die neu errungene Eigenschaft einen Fitness-Vorteil, so ist eine Persistenz in der Population wahrscheinlich. Trägt sie keinen Selektionsvorteil, so ist auch das Potential der Verbreitung innerhalb der Population sehr gering. So sind Herbizid-resistenzen nur dann von Vorteil, wenn die Pflanze in der Nähe von Agrarfeldern wächst, auf welchen das entsprechende Herbizid eingesetzt wird. Sanvido et al. (2006) schätzen steigende agronomische Probleme durch herbizidtolerante Unkräuter als unwahrscheinlich ein, da

Landwirte in der Regel zwischen verschiedenen Herbiziden wählen könnten und zudem innerhalb einer Fruchtfolge verschiedene Optionen der Unkrautbekämpfung hätten. Diese Ansicht scheint jedoch problematisch, da die GVPs spezifisch mit einer Toleranz gegen ein bestimmtes Herbizid entwickelt wurden. Dieses Herbizid wäre bei einer resistenten Unkrautart untauglich und der Einsatz der GM-Kulturpflanze nicht mehr sinnvoll. Zudem würde die weitere Bekämpfung des Unkrauts zu neuen Problemen für die Landwirte führen. Die Übertragung von Insektenresistenzen auf Wildarten ist für die Wildpflanze vorteilhaft, wenn das Vorkommen der Schädlinge ein entscheidender Faktor für die Verbreitung darstellt. Dann ist die Verbreitung des Resistenzgens bei Wildpflanzenarten wahrscheinlich. Um jedoch keine Eventualität unbedacht zu lassen sollte dann dieser Stelle erwähnt werden, dass andererseits genauso wie eine Pflanze durch die transgene Eigenschaft invasiv werden und damit andere einheimische Pflanzenarten verdrängen könnte, es auch möglich ist, dass z.B. eine vom Aus-sterben bedrohte Pflanze ein Transgen erwirbt und sich dadurch der Bestand wieder erholen kann (Kempken und Kempken, 2006), was durchaus positive Auswirkungen auf die Biodiversität hätte. Zudem sollte beachtet werden, dass auch bei konventionellen Feldern eine Erhöhung der Herbizidresistenz bei verwandten Wildarten nach-gewiesen wurde (ebd.). Zusammenfassend muss für jede GVP eine umfassende Risiko-einschätzung erfolgen, welche beinhaltet, wie weit die Transgene verbreitet werden und ob neue transgene Eigenschaften wahrscheinlich sind, positive oder negative Fitness-Effekte auf die einheimischen wilden Verwandten zu übertragen. Jedoch sollte eine solche Risikoabschätzung generell für alle Nutzpflanzen, egal ob transgen und konventionell, stattfinden.

Doch nicht nur die Verbreitung der Transgene auf verwandte Wildarten, sondern auch auf andere Kulturpflanzen ist besonders für Landwirte ein Grund zur Sorge. Die Auskreuzung zwischen GM-

Pflanzen und konventionellem oder biologischem Saatgut ist insbesondere für Bio-Bauern problematisch. Für das Biosiegel der EU wird derzeit eine Verunreinigung mit gentechnischen Komponenten von bis zu 0,9% toleriert, bei einem höheren Wert verlieren die Landwirte ihr Zertifikat. Daher stellt besonders die Auskreuzung zwischen Kulturpflanzen derselben Art ein Problem für viele Bauern dar. 98% der Pollen von Mais bleiben in einem Radius von 25-50 Metern um das Feld (Ronald und Adamchak, 2008). Trotzdem können natürlich auch zwei Prozent zur Verbreitung des veränderten Gens beitragen, besonders, wenn sehr viele Felder mit GVPs bepflanzt werden. Studien haben gezeigt, dass transgene Pollen und Samen sich in kommerziellen Feldern verbreiten und die Transgene sich so zwischen Pflanzen derselben Art ausbreiten können – erneut insbesondere dann, wenn sie selektionsvorteilhafte Eigenschaften tragen (Snow et al., 2005). Dabei ist die Art der Befruchtung entscheidend dafür, wie wahrscheinlich ein Transgen übertragen wird. Bei Weinreben zum Beispiel findet zu 99% Selbstbestäubung statt, sodass Pollenübertragung hier kaum von Bedeutung ist, weshalb auch der Anbau verschiedener Weinarten direkt nebeneinander möglich ist (Kempken und Kempken, 2006). Das NFP (2013) erklärt, dass aber auch für pollenübertragende Pflanzen bereits eine Koexistenz von verschiedenen Kulturen erfolgreich besteht. So gibt es beispielsweise für Zuckermais und Futtermais besondere Schutzvorkehrungen, um eine Vermischung beider Kulturen zu vermeiden, wie regulierte *„Abstände zwischen den Feldern, die Sicherung des Saat- und Ernteguts beim Transport, die gründliche Reinigung der Maschinen und eine genaue Planung des Anbaus"* (NFP 59, 2013). Da die Koexistenzmaßnahmen in diesem Rahmen erfolgreich waren, kann man davon ausgehen, dass dies auch für gentechnisch veränderte und unveränderte Pflanzen gelingt.

4.3.1.3 Entwicklung von Resistenzen

Durch den übermäßigen Einsatz von GVPs könnten die durch den Einsatz betroffenen Zielorganismen Resistenzen, zum Beispiel gegen Bt-Toxin, entwickeln. Durch die kontinuierliche Anwesenheit der Gene können diese schneller auftreten, was höchst wahrscheinlich den Einsatz von umweltbelastenden Pestiziden erhöhen würde. Über 17 Insekten-arten wurden bereits mit Resistenzen gegen Bt-Toxin in Sprays dokumentiert (Snow et al., 2005). Wie bereits in Kapitel 4.2.1 erläutert, wird durch die regulatorische Strategie der amerikanischen Regierung versucht, die Entwicklung von Resistenzen zu verzögern. Weiterhin können auch Unkräuter Resistenzen gegen Herbizide entwickeln. Besonders der Gebrauch von Breitbandherbiziden ist bedenklich, denn er fördert Resistenzen bei vielen Unkrautarten gleichzeitig. Zudem ist die wiederholte Anwendung derselben Herbizide in Fruchtfolgen problematisch, da die übermäßige Anwendung eine besonders schnelle Evolution von resistenten Unkrautarten fördert. So werden durch die Einführung von HT-Pflanzen viele Felder nur noch mit Glyphosat behandelt, wodurch der Selektionsdruck erhöht wird. Infolge dessen wurden „Glyphosat-Resistenzen im Kanadischen Berufkraut (Conyza canadensis) bereits drei Jahre nach Einführung der herbizidtoleranten Sojasorten nachgewiesen" (Sanvido et al., 2006). Im Gegensatz zu Insektizidresistenzen treten die herbizidresistenten Eigenschaften der Pflanzen nicht kontinuierlich zum Vorschein, sondern nur dann, wenn das Herbizid angewandt wird. Eine vielfältige Unkrautregulierung sorgt daher für eine verzögerte Resistenzentwicklung, weshalb die NAS (2016) weitere Forschung zur Ermittlung einer besseren Steuerung der Resistenzentwicklung in Unkräutern empfiehlt. Hier, genau wie bei der Entwicklung von Bt-Resistenzen bei Schädlingen, ist das Auftreten von Resistenzen in erster Linie eine Frage des Anbaumanagements, nicht der Gentechnik.

Auch bei Mikroorganismen besteht das Risiko zur Resistenzentwicklung, wenn auch nicht durch evolutive Anpassung, sondern
durch DNA-Übertragung von pflanzlichen Antibiotika-Resistenzen
der Markergene auf Bakterien. Untersuchungen haben gezeigt,
dass DNA aus transgenen Pflanzen von Bodenpartikeln absorbiert
und in dieser Form relativ stabil sein kann (Kempken und Kempken,
2006). Das Transformationspotential für Bakterien bleibt hier deutlich länger erhalten als bei nicht-absorbierter DNA, welche innerhalb
von 24 Stunden durch DNAsen im Boden abgebaut wird (ebd.).
Durch den Einsatz von Antibiotika-Resistenzmarkern bei der Herstellung von GM-Pflanzen könnten diese über den Boden auf krank-
heitserregende Bakterien übertragen werden. Aber mit welcher
Wahrscheinlichkeit kann ein Transfer von Pflanzen-DNA zu Mikroorganismen im Boden stattfinden? Statistisch gesehen ist der Vorgang so selten, dass er als irrelevant angesehen werden kann
(Kempken und Kempken, 2006). Auch wenn eine einzige Übertragung unter Millionen ausreichend wäre, um ein Resistenzgen mit
enormem Fitnessvorteil für das Bakterium in einer Population zu
etablieren, ist die Wahrscheinlichkeit, dass eine Übertragung stattfindet UND unter allen Genen gerade das Antibiotika-Resistenzgen
übertragen wird, verschwindend gering. Auch Sequenzierungen geben keinen Hinweis auf eine Übertragung von pflanzlicher DNA auf
Bodenorganismen: Täglich werden große Mengen an Pflanzenma-
terial von Mikroorganismen abgebaut. Wenn also eine DNA-Übertragung häufig wäre, müsste sich pflanzliche DNA in solchen Mikroorganismen nachweisen lassen. Dies ist nicht der Fall (Kempken
und Kempken, 2006). Der übermäßige Einsatz von Antibiotika in
sämtlichen Bereichen scheint daher ein sehr viel größeres Problem
für die Förderung der Evolution multi-resistenter Bakterien als die
Übertragung von Pflanzen-DNA auf Bodenbakterien. Neue GVPs
ohne Antibiotika-Resistenzmarker (siehe Kapitel 4.1) werden das
bestehende Restrisiko bald von unseren Feldern verbannen.

4.3.2 Für den Menschen

Um die Risiken von genmodifizierten Pflanzen für die Gesundheit der Menschen einschätzen zu können ist es wichtig zu wissen, welche Verfahren eine GVP zur Prüfung und Zulassung durchlaufen muss. Laut den National Academies of Sciences (NAS, 2016) werden GM-Pflanzen auf drei Wegen untersucht: in Tierversuchen, kompositionellen Analysen und Allergietests. Bei den Tierversuchen werden Kurz- & Langzeitstudien mit Teilen oder ganzen GM-Nahrungsmitteln an Nagern untersucht. Über die ethische Vertretbarkeit lässt sich streiten, jedoch sind die Experimente durchaus hilfreich bei der Einschätzung der Auswirkungen von GVPs auf die Gesundheit von Säugetieren. Trotz eigentlich zu kleiner Studienumfänge der bisherigen Versuche geht die NAS aufgrund der hohen Anzahl an Experimenten von einer ausreichenden Beweislage aus, um sagen zu können, dass Tiere beim Essen von Lebensmitteln mit gentechnisch veränderten Pflanzen keinen Schaden nehmen. Weiterhin gibt es Analysen von Langzeitdaten über die Gesundheit von Vieh bei der Nahrungsumstellung auf GVPs, welche Daten vor, während und nach der Einführung von GVPs umfassen. Die Daten geben keinen Hinweis auf negative Effekte, die auf des Füttern von GVPs zurückzuführen wären (The National Academies of Sciences (NAS), 2016). Das zweite Verfahren ist die Untersuchung der chemischen Nährstoffkomposition von GM-Pflanzen. Die NAS berichtet, dass die meisten Ergebnisse von neueren Methoden festgestellt haben, dass die Unterschiede zwischen GM und Nicht-GM-Pflanzen sogar kleiner sind also solche, die natürlich zwischen Nicht-GM-Pflanzen vorkommen (siehe auch Lehesranta et al., 2005). Das Vorgehen bei der Untersuchung auf Allergien wird im folgenden Abschnitt genauer beschrieben.

4.3.2.1 Allergien

Das Allergenrisiko von GM-Pflanzen wird derzeit bei jeder neu gezüchteten Pflanze überprüft, bevor diese zugelassen wird. So ist die Untersuchung fester Bestandteil des momentanen EU-Genehmigungsverfahrens (NFP 59, 2013). Manche Pflanzen und deren Bestandteile haben ein bekanntes allergenes Potential, wie beispielsweise Nüsse. Wenn die zu modifizierende Pflanze solch allergene Eigenschaften besitzt, müssen die Proteinkonzentrationen einer solchen Pflanze besonders genau beobachtet werden, da sie sich aufgrund der gentechnischen Modifizierung ändern könnten (NAS, 2016). Allergische Reaktionen können aber auch durch den Transfer von Proteinen aus einer solchen allergenen Pflanze ausgelöst werden. Deswegen müssen Gene aus diesen Pflanzen besonders genau überprüft werden (Kempken und Kempken, 2006). So wurde in eine transgene Sojapflanze ein Protein aus der Paranuss eingeführt. Wie sich herausstellte, wurde ausgerechnet das Allergie auslösende Protein verwendet, weshalb die Pflanze auch nicht weiterentwickelt wurde (ebd.). Allergien können aber auch eine Folge von unbeabsichtigten Konsequenzen sein, die aus dem Gentransfer resultieren. So wurde bei einer genmodifizierten Erbse, in welche ein ungefährliches Gen aus der Bohne eingebracht wurde, durch komplexe Vorgänge bei der Herstellung des Proteins eine vorher nicht vorhandene Immunreaktion hervorgerufen. Zur Überprüfung des allergenen Potentials wurde ein Entscheidungsschema (Abb. 27) erstellt, welches je nach Voraussetzung Tests zur Überprüfung des allergenen Potentials vorgibt.

Zuerst wird beurteilt, ob die Genquelle ein allergenes Potential aufweist. Wenn das neu exprimierte Gen aus einer Genquelle mit bekanntem allergenem Potential stammt, sollte es – auch wenn es keine Ähnlichkeiten mit dem bekannten Allergen besitzt – an Menschen mit einer Allergie gegen die Genquelle getestet werden.

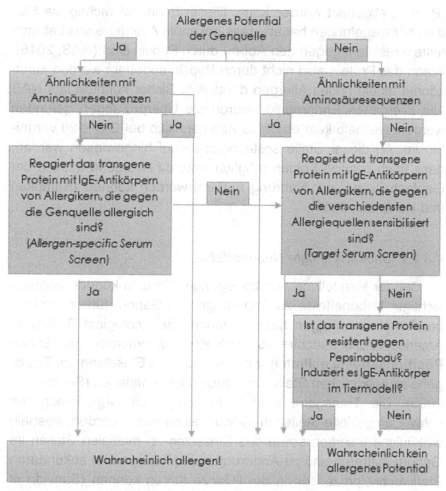

Abbildung 27: Entscheidungsbaum der WHO-Expertenrunde Rom (2001) zur Beurteilung des allergenen Potenzials von transgenen Nahrungsmitteln (erstellt und abgeändert nach Kempken und Kempken, 2006)

Außerdem sollte jedes neue Produkt, auch wenn es aus einer nicht-allergenen Genquelle stammt, an besonders sensiblen Allergikern mit verschiedensten Allergien getestet werden. Des Weiteren sollte geprüft werden, ob das neue Protein von Verdauungsenzymen

(Pepsin) abgebaut werden kann. Dieser Schritt ist wichtig, da Studien herausgefunden haben, dass bekannte Allergene aus Lebensmitteln resistent gegen den Abbau durch Pepsin sind (NAS, 2016). Wenn das Protein also nicht durch Pepsin abgebaut werden kann, könnte es ein neues Allergen darstellen. Bisher konnten laut NAS alle allergenen Endprodukte durch die Überprüfungen gefunden werden, weshalb kein erhöhtes Allergenrisiko bei GVPs zu vermuten ist. An dieser Stelle sollte noch darauf hingewiesen werden, dass auch positive Folgen möglich sind, da Allergene mithilfe der Gentechnik aus der Nahrung entfernt werden können (Kempken und Kempken, 2006).

4.3.2.2 Unbeabsichtigte Nebeneffekte

Bei der Herstellung von transgenen Pflanzen können unbeabsichtigte Nebeneffekte zu Änderungen im Genom führen, welche problematische Folgen haben können. Die Ecological Society of America (ESA) berichtet von solchen Phänomenen: So können **Positionseffekte** auftreten, welche durch das Einsetzen der Transgene an willkürlichen Stellen im Chromosom entstehen (Snow et al., 2005). Die Transgene können in komplexen Organismen nur schwer an gezielte Stellen im Genom eingebracht werden, weshalb willkürliche Insertion sowie das Einsetzen an multiplen Stellen im Genom auftreten und zu Änderungen in primären und sekundären Stoffwechselprozessen in der Pflanze führen können (Sanvido et al., 2006). Das Ausmaß dieser Auswirkungen kann geringfügig aber auch gravierend sein: Ursprüngliche Gene oder Promotorsequenzen können bei der Insertion zerstört oder minimal verändert werden, und multiple Insertionen können zu Gene Silencing führen (Snow et al., 2005). Auch eine Interaktion zwischen dem Transgen und den ursprünglichen Genen ist nicht unüblich und könnte zu unbeabsichtigten Auswirkungen führen (ebd.). Andere Ursachen von unbeabsichtigten Effekten sind **Mutationen**, welche besonders dann auftreten, wenn Kalli mit transformierten Zellen in ganze Organismen regeneriert werden, oder **pleiotrope Effekte** (ebd.). Letztere entstehen, wenn ein einzelnes Gen eine Vielzahl unterschiedlicher Merkmale beeinflusst. Unkalkulierbare pleiotrope Wirkungen könnten schädliche Wirkungen auf die Gesundheit des Konsumenten haben, da so auch unabhängig vom transgenen Produkt toxische Nebenprodukte aufgrund der genetischen Modifikation entstehen könnten (Kempken und Kempken, 2006; Sanvido et al., 2006). Solche Effekte sind in Laborexperimenten durchaus schon aufgetreten, so haben die bereits erwähnten GM-Erbsen, welche Proteine aus Bohnen enthielten, ein modifiziertes Gen hervorgebracht, welches eine Immunreaktion bei Mäusen verursachte. Die negativen Folgen wurden jedoch entdeckt und die Pflanze nicht zugelassen (Ronald und Adamchak, 2008). Solche Effekte können aber auch und insbesondere bei konventionellen Zuchtverfahren auftreten – bedenkt man den gezielten Einsatz von Mutagenen in der Zucht –, wie sie bei den in Kapitel 3.4.5.3 genannten Kartoffeln und Sellerie aufgetreten sind. Die ESA erklärt jedoch, dass bisher keine gesundheitlichen oder Umweltprobleme aufgrund unbeabsichtigter Phänotypen in GVPs gefunden wurden, da solche mit offensichtlichen Anomalitäten – genau wie bei Nicht-GVPs – aussortiert und nicht in kommerziellen Linien genutzt werden (Snow et al., 2005). Genauso können aber auch positive ungewollte Konsequenzen auftreten. Beim transgenen Bt-Mais wurde festgestellt, dass er neben seiner Resistenz gegen Schädlinge auch eine niedrigere Menge an Mykotoxinen von Pilzen der Gattung *Fusarium* aufweist (siehe Abb. 28), welche sich ansiedeln, wenn der Stiel von Insekten beschädigt ist (Kempken und Kempken, 2006; Sanvido et al., 2006; Shewry et al., 2008; Ronald und Adamchak, 2008).

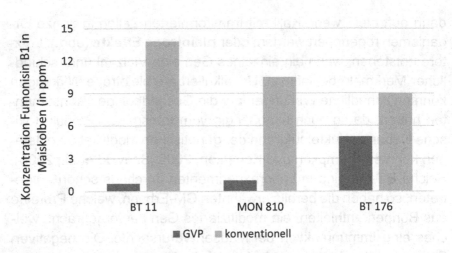

Abbildung 28: Mykotoxingehalt von transgenen Bt-Maissorten (GVO) und konventionellen Maissorten (erstellt nach Kempken und Kempken, 2006)

Trotzdem zeigt dieses Beispiel aber auch, dass als Konsequenz der Veränderung oftmals weitreichendere Auswirkungen auftreten als beabsichtigt, und diese nicht immer genau vorhergesagt werden können. Auch wenn die Laborexperimente positiv ausfallen, ist es kaum möglich Konsequenzen im Freiland vorherzusagen. Ausführliche Langzeitexperimente im Freiland sind deshalb essentiell zur Einschätzung weitreichender Auswirkungen und signifikanter Nebeneffekte. Tatsächlich könnten kleinere Effekte trotzdem unbemerkt bleiben, wenn diese beispielsweise nur unter bestimmten Bedingungen auftreten (Snow et al., 2005). Trotzdem scheinen GVPs im Vergleich zu konventionellen Sorten sicherer, da sie intensiver auf ihre Sicherheit überprüft werden, bevor sie zur Kommerzialisierung freigegeben werden (Key et al., 2008). Sequenzierungen des gesamten Genoms können Mutationen oder die Insertionsstelle des Transgens exakt identifizieren die genauen Auswirkungen werden in vielen Experimenten untersucht. Zudem wird bei GVPs nur sehr wenig verändert, während bei konventionellen Züchtungen oftmals das gesamte Erbgut miteinander vermischt wird. Eine Vergleichsanalyse von Kartoffeln zeigt, dass die Variation zwischen Nicht-GVPs oftmals sehr viel größer ist als zwischen den GM-Linien (Lehesranta et al., 2005). Unbeabsichtigte Genotypen bei GM-Pflanzen sind daher sogar unwahrscheinlicher als bei konventionell gezüchteten Pflanzen.

4.3.2.3 Langzeiteffekte auf die Gesundheit

Transgene Pflanzennahrung ist eine Neuheit, welche bisher noch unbekannte Langzeiteffekte auf die menschliche Gesundheit haben könnte. Sie stehen im Verdacht, Zivilisationskrankheiten oder andere gesundheitliche Probleme hervorrufen zu können (Kempken und Kempken, 2006), eventuell auch durch neu eingesetzte Pestizide wie Glyphosat. Um zu untersuchen, wie begründet diese Befürchtungen sind, hat die NAS (2016) – aufgrund von fehlenden Langzeitdaten – epidemiologische Datensätze ausgewertet. Hierbei wurden Daten von verschiedenen Zeitperioden aus den USA und Kanada, wo GM-Nahrung schon seit Mitte der 1990er konsumiert wird, mit ähnlichen Datensätzen aus dem Vereinigten Königreich und Westeuropa verglichen, wo GM-Nahrung nur sehr wenig konsumiert wird und der Gebrauch von Glyphosat nicht angestiegen ist. Dabei wurden keine Beweise für ein Auf- oder Absteigen von bestimmten gesundheitlichen Problemen seit der Einführung von GVPs in den 1990er-Jahren gefunden. Überprüft wurden unter anderem Veränderungsmuster bei der Häufigkeit von Krebs, Nierenerkrankungen, Fettleibigkeit, Typ-II-Diabetes oder Autismus-Spektrum-Störungen (ASD) bei Kindern. Bei allen untersuchten Krankheiten wurden ähnliche Verläufe in allen Ländern festgestellt: Änderungen von Krebsvorkommen in den USA und Kanada waren ähnlich zu denen im Vereinigten Königreich und Westeuropa. Auch wurden keine höheren Raten von Fettleibigkeit, Typ-II-Diabetes oder ein häufigeres Vorkommen von chronischen

Nierenerkrankungen in den USA festgestellt. Auch der Anstieg von ASD bei Kindern verläuft nach den vorliegenden Daten in ähnlichen Mustern bei allen Ländern. Zudem kann die NAS keine Verbindung zwischen dem Konsum von GM-Nahrung und dem Anstieg von Lebensmittelallergien feststellen. Diese umfangreichen Auswertungen erlauben die Folgerung, dass kein Zusammenhang zwischen dem Anstieg von gesundheitlichen Problemen und dem Konsum von gentechnisch veränderter Pflanzennahrung besteht.

4.3.2.4 Aufnahme von Transgenen mit der Nahrung

Ein weiteres Risiko wird darin vermutet, dass Gene der Pflanzen durch die Nahrungsaufnahme auf den Konsumenten übertragen werden könnten. Einige Skeptiker fürchten sich deshalb vor dem Essen von transgener Nahrung. Jedoch werden Proteine bei der Verdauung der Pflanzenzellen im Magen und Darm weitestgehend zersetzt, und auch das Erbgut wird von Enzymen aufgebrochen und in kleine Stücke zerlegt (Kempken und Kempken, 2006; NFP 59, 2013). Zwar konnten Spuren von DNA zeitweilig in Blut, Kot und Gewebe festgestellt werden, jedoch waren aber auch diese nach einigen Stunden vollständig abgebaut (Kempken und Kempken, 2006). Diese Tatsache legt nahe, das keine Gefahr der Übertragung von transgener DNA auf den Menschen besteht. Weiterhin werden in die transgenen Pflanzen meist Gene von anderen Nahrungsmittelpflanzen eingebracht. Da wir diese ohnehin schon konsumieren, können solche GVPs in dieser Hinsicht mit vollkommener Sicherheit als ungefährlich eingestuft werden (Ronald und Adamchak, 2008).

Aber nicht nur die Übertragung von Genen auf den Konsumenten wird befürchtet, sondern auch eine Übertragung von Antibiotikaresistenzen der Selektionsmarker auf Bakterien in unserem Darm. Doch genau wie eine DNA-Übertragung von Pflanzen auf Mikroorganismen im Boden unwahrscheinlich ist, ist auch die Übertragung auf Darmbakterien extrem unwahrscheinlich. Wie bereits erklärt, wird die DNA innerhalb kürzester Zeit im Verdauungstrakt abgebaut. Der kontinuierliche Fortschritt in der Gentechnik ermöglicht zudem neue Methoden, bei welchen auf Antibiotika als Selektionsmarker verzichtet werden kann. Viel wahrscheinlicher als über die DNA, welche aus unserer Nahrung stammt, ist es, dass unsere Darmbakterien die Resistenz durch Konjugation von anderen Bakterien erhalten (Kempken und Kempken, 2006). Viele Antibiotika-Resistenzgene sind von Natur aus üblich in Bakterien, und beim Verzehr von frischem Gemüse werden Bodenbakterien in großen Mengen aufgenommen (Kempken und Kempken, 2006). Die Übertragung von Antibiotikaresistenzen durch GM-Nahrung ist daher fast auszuschließen und die Aufnahme von DNA in den Körper nicht wahrscheinlicher oder gefährlicher als bei konventioneller Nahrung.

4.3.3 Risikobewertung

Ganz unberechtigt sind die Sorgen über unbekannte Risiken jedoch nicht. Die Einschätzung von Risiken der GM-Pflanzen ist wissenschaftlich nicht ganz einfach und bringt einige Probleme mit sich. Die enorme Komplexität des Ökosystems und das oftmals noch unverstandene Zusammenspiel einzelner Komponenten machen es schwierig, langfristige Änderungen der Umwelt durch GVPs zu beurteilen. Kleine Studien, welche vor der Kommerzialisierung durchgeführt werden, sind nicht ausreichend sensitiv, um geringe Auswirkungen einer GVP zu ermitteln (Snow et al., 2005). Aufgrund von natürlicher Variation zwischen den Individuen können weniger dramatische Folgen nur sehr schwierig dokumentiert werden (ebd.). Risiken mit geringer Umweltaus-wirkung können daher nur schlecht gemessen werden und bleiben bei kleinen Datensätzen höchst wahrscheinlich unentdeckt, was auf der X-Achse von Abbildung 29 dargestellt wird. Zusätzlich ist die Wahrscheinlichkeit, dass ein eher seltenes Risiko in kleinräumigen Feldstudien überhaupt auftritt, ziemlich gering (Y-Achse). Nur solche Risiken, welche häufig auftreten und einen relativ großen Einfluss auf die Umwelt haben, können in den Feldstudien vor der Kommerzialisierung entdeckt werden.

Um ökologische Konsequenzen richtig zu verstehen, müssen die physischen und biologischen Prozesse identifiziert werden, welche durch eine GVP verändert werden, und die Auswirkungen dieser Änderungen auf das Ökosystem müssen verstanden werden (Snow et al., 2005). Negative Effekte können Kaskaden von ökologischen Veränderungen auslösen, welche zu einer Störung von biotischen Gesellschaften oder dem Verlust der Artenvielfalt führen kann (ebd.). Dennoch darf nicht vergessen werden, dass GVPs auch zu positiven Effekten in diesen Bereichen führen können, wenn beispielsweise die Kontrolle von Schädlingen spezifischer abläuft und so weniger Nicht-Zielarten betroffen sind. Wenn GVPs ökologisch schädliche Praktiken ersetzen, sind positive Umweltfolgen zu erwarten.

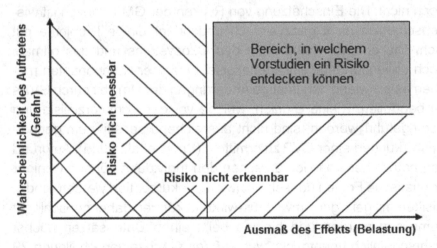

Abbildung 29: Probleme bei der Risikoeinschätzung über kleinräumige Feldstudien (erstellt nach Snow et al., 2005)

Einen möglichen Lösungsansatz zur Erkennung und Messung kleiner und seltener Risiken bietet das **Monitoring**. Durch mathematisch-ökologische Modelle könnten empirische Beobachtungen mithilfe eines Computerprogramms generalisiert und auf verschiedene Management Systeme und größere räumliche Skalen übertragen werden (Andow, 2003). Damit könnten auch kleinere und seltenere ökologische Effekte erfasst und außerdem auch die ökologisch sinnvollste Anwendungsmethode ermittelt werden, wie zum Beispiel die wirkungsvollste Anzahl an Herbizidanwendungen.

4.4   Regulationsvorschläge

Um die Risiken von GVPs möglichst gering zu halten, gibt es einige Regulationsvorschläge und Empfehlungen von verschiedenen Instituten, wie der Ecological Society of America (ESA) oder des Nationalen Forschungsprojekts (NFP) 59 der Schweiz. Die ESA fordert beispielsweise, dass Transgene anstatt über konstitutive Promotoren über induzierbare reguliert werden, welche von externen Bedingungen wie Hitze, chemischen Sprays oder biotischen Faktoren (z.B. Insekten-schäden) erst aktiviert werden (Snow et al., 2005). Eine zweite Möglichkeit wären gewebsspezifische Promotoren oder solche spezifisch für ein Entwicklungsstadium (ebd.; Kempken und Kempken, 2006). Zudem sind genaue und gründliche Studien über Risiken und Vorteile für die Umwelt notwendig, welche von Wissenschaftlern und Spezialisten durchgeführt werden. Mögliche negative Effekte und die Wahrscheinlichkeit, dass diese Risiken auftreten werden, müssen identifiziert und mit den Vorteilen von GVPs verglichen werden (Snow et al., 2005). Außerdem sollte *„bei der Risikobeurteilung allein das Endprodukt, das heißt die Pflanze, auf seine Sicherheit [überprüft werden] und nicht die Technik, mit der es hergestellt wurde"* (NFP 59, 2013). Denn manche Methoden der Gentechnik, wie z.B. die Cisgenese, führen schließlich zum selben Ergebnis wie konventionelle Zuchtmethoden. Die Zulassung der einen Pflanze und ein Verbot der anderen ist damit nicht nachvollziehbar. Sowieso ist diese Einteilung nach Gentechnik oder nicht sehr schwierig, denn die Grenzen verschwimmen immer weiter. Oftmals führt eine nachträgliche Entfernung von Markern dazu, dass das Endprodukt nicht mehr als gentechnisch hergestellt identifiziert werden kann. Andere Bereiche, wie zum Beispiel Gene Silencing, fallen in die Grauzone (Snow et al., 2005). Weiterhin muss eine kommerzielle Freisetzung von GVPs verhindert werden, wenn das wissenschaftliche Wissen über mögliche Risiken unzureichend ist oder das existierende Wissen ein Potential für schwerwiegende ungewollte Effekte naheliegt (ebd.). Dies ist bereits durch die obligatorische gesundheitliche Risikoüberprüfung sichergestellt, welche verhindert, dass problematische Produkte auf den Markt kommen. Das NFP (2013) schlägt zudem eine Beobachtungsstelle vor, welche Nebenwirkungen von Produkten aus gentechnisch veränderten Pflanzen registriert, wie es bereits bei Medikamenten üblich ist. Um ökologische Nebeneffekte von GVPs zu minimieren, sollten Samenproduzenten den Landwirten nur noch solche Pflanzenvariationen anbieten, welche ausschließlich die für ihre Region und Anbausituation angemessen Schädlingsresistenzen besitzen (Snow et al., 2005). Um die Sicherheit der transgenen Pflanzen zu erhöhen, könnten außerdem Systeme zur Verhinderung der Verbreitung der Transgene eingebracht werden. Dies könnte durch das Einbringen von genetischen Merkmalen, welche für Sterilität, reduzierte Fitness, gewebsspezifische oder induzierbare Genexpression sorgen, erreicht werden (Kempken und Kempken, 2006; Snow et al., 2005). Beim Auftreten von unvorhergesehenen Umweltrisiken könnten die Pflanzen so auch wieder von den Äckern genommen werden, ohne langfristige Schäden in der Umwelt zu hinterlassen. Die Veränderung der DNA von Plastiden anstatt des Zellkerns kann für zusätzliche Sicherheit sorgen, da Gene aus den Plastiden normalerweise mütterlich vererbt und nicht über Pollen übertragen werden. Auch die Abwesenheit von Antibiotika-Selektionsmarkern sollte zukünftig mehr Sicherheit garantieren. Kempken und Kempken (2006) schlagen zudem vor, dass ausschließlich GVPs ohne natürliche Verwandte im jeweiligen Ökosystem verwendet werden, um eine unerwünschte Verbreitung der Transgene zu unterbinden. Unter Berücksichtigung dieser Regulationsvorschläge sollte ein sicherer und erfolgreicher Anbau von GVPs möglich sein.

4.5 Diskussion

Die Problematik beim Erfolg und der Akzeptanz von GVPs, besonders in der EU, beschreiben Ronald und Adamchak (2008) treffend mit *„Fear sells, data do not"*. Oftmals werden Fakten über GM-Pflanzen fehlerhaft dargestellt, um die eigenen politischen oder ideologischen Interessen durchzusetzen (ebd.). Um eine rationale Entscheidung zu treffen, sollten die Chancen und Risiken von GVPs der Öffentlichkeit klar dargestellt werden. Jedoch sind Fakten und Daten unspektakulärer als Horrorszenarien von invasiven und umweltzerstörenden Pflanzen. Umweltorganisationen wie z.B. Greenpeace haben einen sehr guten Ruf und sind daher glaubwürdig. Wissenschaftler oder Samenproduzenten wie Monsanto werden dagegen als unglaubwürdig und erfolgsorientiert abgestempelt, weshalb deren Ansichten schnell mit Manipulation und Geldmacherei verbunden werden. Das NFP 59 (2013) erklärt, dass die Akzeptanz von GVPs umso größer ist, je höher der erkennbare Nutzen. Dazu zählt ein tieferer Preis für die Konsumenten oder auch ein geringerer Arbeitsaufwand bei den Landwirten. Bisher vermarktete GM-Pflanzen helfen hauptsächlich den Landwirten durch Verbesserung der Input Traits. Der Nutzen ist daher für den Normalverbraucher erst einmal weniger erkennbar. Der offensichtliche Nutzen von gentechnisch hergestellten Medikamenten dagegen scheint zu einer hohen Akzeptanz der Risiken geführt zu haben (NFP 59, 2013). Deshalb ist es wichtig, der Öffentlichkeit auch den Nutzen der grünen Gentechnik zu vermitteln. Momentan jedoch scheint die Angst vor Gefahren der Gentechnologie zu überwiegen. So herrscht oftmals die Vorstellung von riesigen Feldern, die mit Unmengen von Pestiziden besprüht werden und so die Umwelt zerstören und den Verlust von Artenvielfalt herbeiführen. Jedoch ist dies eigentlich eine Folge der Industrialisierung der Agrarwirtschaft und wird vor allem auf konventionellen Feldern so betrieben. Tatsächlich können GVPs bei richtiger Anwendung ganz besonders hier zu einer Verbesserung beitragen und schlechte landwirtschaftliche Praktiken aus unseren Systemen verbannen. Wichtig ist zu beachten, dass man nicht alle GM-Pflanzen über einen Kamm scheren kann. Es gibt viele positive Entwicklungen, jedoch können individuelle GVPs durchaus potentielle Risiken für Mensch und Umwelt darstellen. Einige Innovationen scheinen zudem sinnvoller als andere. Die Bewertung des Einzelfalls ist somit entscheidend. Leider scheint das Vertrauen zur Wissenschaft und den Bewilligungs-behörden nur sehr gering zu sein. Daher ist noch einmal zu betonen, dass transgene Pflanzen unter strengsten Regulations-vorschriften produziert und vor der Kommerzialisierung intensiv auf ihre Sicherheit überprüft werden. Für beides, GVPs und konventionelle Züchtung, bestehen gewisse Risiken von ungewollten Konsequenzen. Wie aber im Abschnitt zu den Risiken von GVPs ausführlich erörtert wurde, sind bisher keine erhöhten Risiken von kommerziellen GVPs im Gegensatz zu ihren unveränderten Varianten bekannt, weder für die menschliche Gesundheit noch für die Umwelt. Beide könnten subtile unentdeckte und unbeabsichtigte Auswirkungen haben, im Vergleich werden GVPs jedoch viel strenger überwacht und sind daher möglicherweise sogar sicherer. In vielen Bereichen wie Gesundheit, Pestizideinsatz, Biodiversität und Weltproduktion können GVPs zu deutlichen Verbesserungen führen. In anderen Bereichen wie Boden, Wasser oder Klima sind zwar bislang keine Verbesserungen zu erwarten, aber wurden bislang auch keine negativen Auswirkungen festgestellt. Für beide Varianten gilt: Mehr als die züchterische Herstellung ist die jeweilige Anbaupraxis entscheidend dafür, wie positiv der Anbau ist. Doch die Chancen der grünen Gentechnik sind vielversprechend und breit gefächert. Es gibt viele Ansatzpunkte, an denen GVPs tatsächlich zu Verbesserungen für Umwelt, Ertrag oder die menschliche Gesundheit führen könnten. Bei richtiger Anwendung kann der Anbau einiger GVPs durchaus sinnvoll sein. Besonders hinsichtlich der zukünftigen Ernährung der Weltbevölkerung in Verbindung mit einer nachhaltigen Landwirtschaft könnten GVPs einen entscheidenden Beitrag leisten. Vieles steckt aber auch noch in der Entwicklung und so wird sich das Potential einiger Innovationen mit der Zeit noch herausstellen.

5 Ökologischer Landbau

Der ökologische Landbau entstand als Gegenbewegung zur konventionellen Landwirtschaft. Die Sorge um Bodenfruchtbarkeit, Tierhaltung und Lebensmittelqualität brachte eine neue, umweltverträglichere Wirtschaftsweise hervor. Die ersten Ansätze brachte der Forscher Rudolf Steiner, welcher mit der von ihm begründeten anthroposophischen Weltanschauung auch die Landwirtschaft revolutionierte und den biologisch-dynamischen Anbau gründete (Borowski et al., 2009). Diese Wirtschaftsweise zeichnet sich seit jeher durch die Anthroposophie als Verständnisgrundlage, den Einsatz von biologisch-dynamischen Präparaten sowie dem Prinzip des landwirtschaftlichen Betriebs als ganzheitlichen Organismus aus (ebd.). Ziel ist die Bewirtschaftung entsprechend eines natürlichen Stoff- und Energiekreislaufes, sodass möglichst wenig Nährstoffe von außen zugeführt werden müssen, sondern der Betrieb möglichst durch die Nutzung der eigenen Ressourcen bewirtschaftet werden soll – der Grundsatz einer Kreislaufwirtschaft entstand, wodurch auch der Ackerbau verpflichtend an die Viehhaltung gekoppelt wird. So werden zur Düngung pflanzliche und tierische Abfallstoffe verwendet, welche aus dem eigenen Betrieb stammen. Auf dieser Basis gründete sich der bekannte Bio-Anbauverband Demeter. Ein weiterer Ansatz wurde etwas später von Hans und Maria Müller gelegt, für die der Erhalt der Bodenfruchtbarkeit eine Schlüsselrolle einnahm (Borowski et al., 2009). Hans-Peter Rusch legte dafür eine wissenschaftliche Hypothese über den „Kreislauf der lebenden Substanz" (Mikroorganismen) durch die Glieder der Nahrungskette (Boden – Pflanze – Tier – Mensch) vor (Borowski et al., 2009). Somit ist ein gesunder Boden mit den ihm enthaltenen Mikroorganismen die Grundlage für gesunde Pflanzen und damit auch für die Gesundheit des Menschen. So entstand der organisch-biologische Landbau und der darauf gegründete Anbauverband Bioland. Dieser Ansatz

© Springer Fachmedien Wiesbaden GmbH, ein Teil von Springer Nature 2020
K. Kellermann, *Die Zukunft der Landwirtschaft*, BestMasters,
https://doi.org/10.1007/978-3-658-30359-4_5

dient auch als Grundlage für den ökologischen Landbau, nach welchem das EU-Bio-Siegel gesetzt wurde. Das staatlich kontrollierte Siegel stützt sich auf die EG-Öko-Verordnung der Regierung, welche eine nachhaltige und ressourcenschonende Landwirtschaftsform fördert. Genaue Rechtsvorschriften sorgen für strengere Regeln für Produktion und auch Verarbeitung von Lebensmitteln als beim konventionellen Anbau. Bei Erfüllen der gesetzlich gesetzten Forderungen erhält ein Lebensmittel das Siegel. Im Gegensatz zu dem vielverbreiteten Irrglauben, „Bio" sei nur „Geldmacherei" und Betrug, da nicht in allem, auf dem „Bio" steht auch „Bio" darin ist, ist dies heute nicht mehr zutreffend. Denn seit der Einführung des EG-Bio-Siegels ist „Bio" ein geschützter Begriff und darf ausschließlich dann verwendet werden, wenn das Nahrungsmittel auch mindestens den Standards des EG-Bio-Siegels entsprechen. Die Einhaltung der Regeln wird mindestens einmal im Jahr durch entsprechende Kontrollstellen überprüft (Bundesministerium für Ernährung und Landwirtschaft (BMEL), 2017a). Die ökologische Landwirtschaft gilt als nachhaltige Landwirtschaftsform, da ein Wirtschaften im Einklang mit der Natur angestrebt wird. Die grundlegenden Maßnahmen des ökologischen Landbaus hat die Bundesanstalt für Landwirtschaft und Ernährung (BLE) (2017) auf ihrer Internetseite zusammengefasst:

1. *„keine Anwendung der Gentechnik,*
2. *kein Pflanzenschutz mit chemisch-synthetischen Mitteln, Anbau wenig anfälliger Sorten in geeigneten Fruchtfolgen, Einsatz von Nützlingen, mechanische Unkraut-Bekämpfungsmaßnahmen wie Hacken,*
3. *keine Verwendung leicht löslicher mineralischer Düngemittel,*
4. *Ausbringen von organisch gebundenem Stickstoff vorwiegend in Form von Mist oder Mistkompost, Gründüngung durch Stickstoff sammelnde Pflanzen (Leguminosen) und Einsatz langsam wirkender natürlicher Düngestoffe,*

5. *Pflege der Bodenfruchtbarkeit durch ausgeprägte Humuswirtschaft,*
6. *abwechslungsreiche, weite Fruchtfolgen mit vielen Fruchtfolgegliedern und Zwischenfrüchten,*
7. *keine Verwendung von chemisch-synthetischen Wachstumsregulatoren oder von Hormonen,*
8. *begrenzter, streng an die Fläche gebundener Viehbesatz,*
9. *Fütterung der Tiere mit ökologisch und möglichst mit selbsterzeugtem Futter, wenig Zukauf von Futtermitteln;*
10. *weitgehender Verzicht auf Antibiotika.*
11. *keine Bestrahlung von Lebensmitteln in der ökologischen Lebensmittelherstellung,*
12. *starke Einschränkung bei der Verwendung von Zusatzstoffen; die erlaubten Zusatzstoffe sind gelistet.“*

Entsprechend der Nachhaltigkeitsstrategie wird die ökologische Landwirtschaft auch mit der „Zukunftsstrategie ökologischer Landbau“ des Bundesministeriums für Ernährung und Landwirtschaft (BMEL) gefördert, welche das mittelfristige Ziel „20 Prozent Ökolandbau“ in Deutschland verfolgt (2017b). Um den Flächenanteil der ökologisch bewirtschafteten Landwirtschaftsfläche auszuweiten und den ökologischen Landbau in Deutschland zu stärken, wurden hier die in Abbildung 30 zusammengefassten fünf politischen Handlungsfelder zu dessen Förderung erarbeitet.

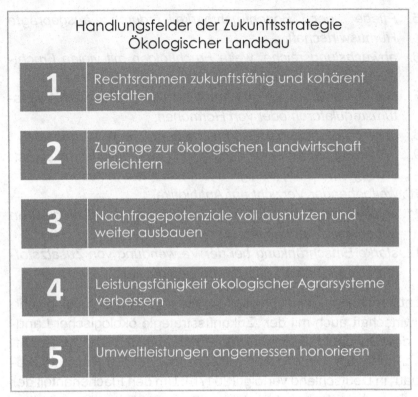

Abbildung 30: Handlungsfelder der Zukunftsstrategie ökologischer Landbau (erstellt nach BMEL), 2017b)

5.1 Zuchtmethoden

Der ökologische Landbau sieht einige Entwicklungen in der konventionellen Pflanzenzucht als kritisch an, weshalb er eine eigene Pflanzenzüchtung anstrebt. So wird insbesondere die Monopolisierung des Saatgutmarktes auf wenige weltweit agierende Agrarchemiekonzerne kritisiert, da diese eine Anpassung des Saatguts an regionale Begebenheiten verhindert. Zudem sind die fünf größten Saatgutunternehmen gleichzeitig auch Marktführer bei Pflanzenschutzmitteln (Roeckl und Willing, 2006). Der Öko-Landbau fordert

Unabhängigkeit von großen Saatgutfirmen und deren Patentierungen, und strebt stattdessen die verbreitete Verfügbarkeit von samenfesten Sorten an (Henatsch, 2002). Diese müssen im Gegensatz zu Hybridsorten nicht jedes Jahr neu gekauft werden und sind daher besonders in Entwicklungsländern wichtig. Weiterhin führt der konventionelle Anbau zum Verlust der Sortenvielfalt, so werden beispielsweise über 95% der deutschen Roggenfläche mit nur drei Sorten bebaut (Roeckl und Willing, 2006). Besonders Hybride tragen zur Sortenverarmung bei, da die Herstellung sehr teuer ist und daher weltweit nur wenige Sorten verfügbar sind (Henatsch, 2002). Als weiterer Punkt sollten die Zuchtziele des ökologischen Saatguts auch an dessen Begebenheiten angepasst sein. Bei der Herstellung von konventionellem Saatgut jedoch werden Zuchtziele verfolgt, die nicht immer zum ökologischen Landbau passen, wie beispielsweise Toleranzen gegenüber Pflanzenschutzmitteln oder Anbau unter den Bedingungen synthetischer Nährstoffzufuhr (Roeckl und Willing, 2006). Die biologische Landwirtschaft hat dagegen *„keine vollständigen Resistenzen, sondern breite Toleranzen und eine allgemeine Erhöhung der Widerstandsfähigkeit"* zum Ziel (Henatsch, 2002). Die ökologische Pflanzenzucht soll sich also nach den ökologischen Grundprinzipien ausrichten:

Tabelle 4: Ökologische Grundprinzipien (erstellt nach Roeckl und Willing, 2006; Arncken und Thommen, 2002)

(1) Geschlossene Betriebskreisläufe	➔ Natürliche Reproduktionsfähigkeit der Pflanze
(2) Natürliche Selbstregulierung	➔ Anpassungsvermögen an die Umgebung
(3) Biodiversität	➔ Genetische Vielfalt, welche die natürliche Authentizität und die Merkmale der Arten respektiert

Dies bedeutet, dass (1) keine Hybriden benutzt werden sollen, da diese durch sterile Pflanzen hergestellt und außerdem nicht in weiteren Generationen verwendet werden können; stattdessen sind samenfeste Sorten vorzuziehen. Eine Zeit lang gab es viele Diskussionen über die Verwendung von CMS-Hybriden (Cytoplasmatische Männliche Sterilität) bei Bio-Gemüse. Denn diese Hybriden werden meist über Protoplastenfusion hergestellt (siehe Kapitel 3.1), bei welcher Arten über natürliche Kreuzungsbarrieren hinaus fusioniert werden. Dies widerspricht dem ökologischen Prinzip (3), nach welchem keine natürlichen Artgrenzen überschritten werden dürfen. Somit sind artübergreifende Kreuzungen mithilfe von Protoplastenfusionen oder Embryokulturen nicht im eigentlichen Sinne der ökologischen Pflanzenzucht. Bereits im November 2001 hat die IFOAM (*International Foundation for Organic Agriculture*) die Protoplastenfusion der Gentechnik zugeordnet (Müller, 2002) – auch wenn es aus technischer Sicht nicht dazu gehört (siehe Diskussion in Kapitel 4.1). Dennoch waren solche CMS-Hybriden lange Zeit im Bio-Landbau erlaubt, und sind es je nach Verordnung noch immer. Die großen Anbauverbände haben die Nähe zur Gentechnik ebenfalls festgestellt und Zellfusionstechniken dementsprechend in ihren Richtlinien ausgeschlossen: Zuerst Demeter seit 2005, es folgten Naturland 2008 und Bioland 2009 (Becker et al., 2013). Trotzdem ist das Verbot erst eine lange Zeit später eingetreten, als die öffentliche Diskussion zu groß wurde und das Thema nicht weiter ignoriert werden konnte. Laut EG-Öko-Verordnung sind CMS-Hybride erlaubt. Um die Merkmale der Arten zu respektieren, sollten weiterhin in-vitro Methoden, Chemikalien und der Einsatz von Hormonen – zum Beispiel bei der Mutagenese – vermieden werden (Arncken und Thommen, 2002). Jedoch sind Mutagenese oder auch die Vermischung von zwei Spezies in einem Baum (Veredelung durch Pfropfen) im ökologischen Landbau erlaubt (Ronald und Adamchak, 2008)! Punkt (2) unterstreicht noch einmal die Anpassung der Zuchtziele und des Saatguts speziell an die Begebenheiten des ökologischen Landbaus. Ein weiteres Prinzip untersagt eine Unterschreitung der minimalen Lebenseinheit während der Züchtung, wobei die genaue Definition etwas unklar ist: So kann sowohl eine Pflanze als minimale Lebenseinheit angesehen werden, oder aber eine Zelle (Arncken und Thommen, 2002). Derzeit scheint die Zelle festgelegt zu sein, da nur die Protoplastenfusion bei den Verbänden verboten ist, während bei der gesamten Pflanze noch viele weitere etablierte Zuchttechniken wegfallen würden. In diesem Fall scheint die Festlegung weniger streng nach Prinzipien als nach realistischen Ansätzen festgelegt zu sein, da bei der gesamten Pflanze das biologische Zuchtsystem viel zu stark eingeschränkt und nicht mehr wettbewerbsfähig wäre. Das Beispiel zeigt, dass eine Handlung rein nach Prinzipien nicht immer sinnvoll ist. Die biologischen Prinzipien werden an vielen Stellen nicht strikt eingehalten, sondern sind eher als Leitbilder oder Idealvorstellungen anzusehen, welche praktisch nicht immer umzusetzen sind. Die strikte Ablehnung der Gentechnik bei Bio-Sorten rein aus Prinzip ist daher auch zu hinterfragen. Währenddessen wird die ökologische Pflanzenzucht immer weiter ausgebaut, um speziell an die Öko-Landwirtschaft angepasste Pflanzen zur Verfügung zu stellen. Besonders der Demeter-Verband betont auf seiner Internetseite eine standortbezogene Züchtung. Diese ist durchaus sehr wichtig, da sie zu einer verbesserten Angepasstheit der Pflanzen sowie zu einer erhöhten Sortenvielfalt führt.

Dennoch gibt es derzeit für viele Sorten noch kein ökologisch gezüchtetes Saatgut, sodass häufig auf konventionelles Saatgut zurückgegriffen werden muss (Roeckl und Willing, 2006). Zudem basiert der weitaus größte Teil des ökologischen Saatgutes auf konventionellen Züchtungen, welche dann über die Vermehrung unter ökologischen Bedingungen zu ökologischem Saatgut werden (Wilbois, 2006). Die Bio-Zeitschrift „Schrot & Korn" erläutert in der Ausgabe vom Februar 2002, dass *„eine konventionell gezüchtete Sorte* *als ökologisch [gilt], wenn sie mindestens ein Jahr lang in einem ökologischen Betrieb vermehrt wurde (bei mehrjährigen Pflanzen zwei Vegetationsperioden). Die gesetzlich geschützte Bezeichnung ‚ökologisch' sagt also nur etwas über die Art und Weise der Vermehrung aus – jedoch nichts darüber, was da eigentlich vermehrt wurde"* (Kumm, 2002). Nur ein kleiner Teil des Saatguts wurde auch tatsächlich nach ökologischen Kriterien gezüchtet. Da sich die ökologische Pflanzenzüchtung noch im Anfangsstadium befindet, führt das derzeit schmale Sortenspektrum momentan leider auch nicht unbedingt zu mehr Vielfalt oder Standortangepasstheit. Dieser Bereich kann also als guter Gedanke angesehen werden, bei welchem jedoch einiges noch genauer definiert werden muss und es weiterhin viel Luft nach oben gibt.

5.2   Chancen

Die Chancen der ökologischen Landwirtschaft liegen in ihrer Nachhaltigkeit und besonderen Achtsamkeit gegenüber der Natur und all ihrer Lebewesen. Das Ziel der Öko-Landwirtschaft liegt in der Optimierung des Produkts und besonders auch der Produktionsweise, und nicht wie üblich in der einfachen Maximierung des Outputs.

5.2.1   Boden

Die Bodenqualität ist ein entscheidender Faktor in der Bio-Landwirtschaft und stellt die Schlüsselstelle zu einer erfolgreichen Produktion dar. Denn der Boden ist die Basis der Nahrungsmittelproduktion und somit auch das Herzstück des Pflanzenbaus: Wenn die Bodenqualität verloren geht, geht auch das Fundament unserer Ernährung verloren. Das Ziel ist die Schaffung eines selbsterhalten-

den Systems, die Erhaltung der Bodenfruchtbarkeit sowie die Förderung biologischer, chemischer und physikalischer Prozesse
(Borowski et al., 2009; DEFRA, 2004). Bei der biologischen Landwirtschaft wird daher auf leicht lösliche mineralische Düngemittel
sowie auf synthetische Pflanzenschutzmittel verzichtet und stattdessen an erster Stelle auf natürliche Methoden zur Humus- und
Nährstoffanreicherung zurückgegriffen. Durch diesen Verzicht besteht eine hohe Abhängigkeit von Nährstofftransformationsprozes-
sen und einer gesunden Mikrofauna. In erster Linie werden vorbeugende Maßnahmen ergriffen, um die Bodenfruchtbarkeit und die
biologische Aktivität des Bodens zu erhalten und bei Bedarf zu steigern. Dazu gehören der Anbau von Leguminosen, Gründüngungs-
pflanzen und Tiefwurzlern, eine geeignete Fruchtfolge sowie eine
organische Düngung mit den Erzeugnissen und Nebenprodukten
aus Ökobetrieben (Neuerburg und Schenkel, 2013). Das
britische Ministerium für Umwelt, Ernährung und Angelegenhei-
ten des ländlichen Raums (DEFRA) erklärt, dass *„ein gutes Rotati-
onsdesign, ein vielfältiger Anbauplan, und der Gebrauch von Gründüngern, Wirtschaftsdüngern und Kompost eine langfristige
Bodenfruchtbarkeit schaffen werden"* (DEFRA, 2004, Übersetzung
KK). Die Böden werden fast ausschließlich über organische Düngung mit Nährstoffen versorgt, wodurch eine vorbildliche Humus-
pflege erreicht wird. Während in konventionellen Böden eine lang-
same Versauerung stattfindet, entwickeln sich biologische Böden in
die andere Richtung und ein erhöhter pH-Wert ist festzustellen
(Fließbach et al., 2007). Besonders tierischer Wirtschaftsdünger ist
ein wichtiger Bestandteil der ökologischen Düngung. Jedoch ist
auch hier der Einsatz auf maximal 170 kg Stickstoff pro Jahr und
Hektar eingeschränkt (Neuerburg und Schenkel, 2013), um ein erhöhtes Versickern von Stickstoff zu vermeiden. Bei vielen privaten
Anbauverbänden darf lediglich so viel Viehdünger verwendet werden, wie auch vom eigenen (eingeschränkten!) Hof kommt
(Borowski et al., 2009). Mineralischer Dünger wird nur sehr begrenzt

eingesetzt, da die Anreicherung der Bodenlösung mit leicht löslichen Düngern das chemische Gleichgewicht verschiebt und so mikrobielle Prozesse, die diesem zugrunde liegen, hemmt (Haber und Salzwedel, 1992). Chemisch-synthetische Stickstoffdünger wie Nitrat-, Ammonium- und Harnstoffdünger sowie leicht lösliche Phosphatdünger aus Rohphosphaten sind gänzlich verboten (Borowski et al., 2009). Alle anderen anorganischen Düngemittel sind nur dann gestattet, wenn der Nähstoff-bedarf durch die anderen Methoden nachweislich (d.h. über Bodenanalysen u.Ä.) nicht gedeckt werden kann (Neuerburg und Schenkel, 2013; Borowski et al., 2009). Sie werden also nur dann eingesetzt, wenn sie auch wirklich benötigt werden und sind somit Ergänzung und kein Ersatz. Folglich sind regelmäßige Bodenuntersuchungen auf Nährstoffgehalte ratsam (Neuerburg und Schenkel, 2013). Langzeitstudien beweisen, dass die Anwendung von Viehdung positive Effekte auf den Anteil der organischen Substanz im Boden sowie auf mikrobielle Aktivitäten hat (Fließbach et al., 2007). So haben Bio-Böden im Durschnitt einen signifikant höheren Gehalt an organischen Stoffen: im Schnitt liegt dieser 7% über dem Anteil konventioneller Böden (Tuomisto et al., 2012). Dazu trägt zusätzlich die Anwendung von Kompost bei. Darin sind Nährstoffe chemisch gebunden, welche erst nach und nach freigesetzt werden: ca. 15% im ersten Jahr, alles Übrige in den folgenden Jahren (van Horn, 1995). Durch die Humusakkumulation wird weiterhin Erosion und einer damit verbundenen Nährstoffausschwemmung entgegengewirkt. So bietet die ökologische Bodenpflege besonders auf langfristige Sicht Vorteile. Der Boden in Bio-Systemen enthält nachweislich höhere C- und N-Konzentrationen, und eine Studie von Teasdale et al. (2007) ergab, dass der konventionelle Anbau von Mais auf zwei verschiedenen Feldern, welche 9 Jahre nach biologischem bzw. konventionellem Anbau geführt wurden, auf dem Bio-Boden 19% höhere Erträge erzielt. Ein weiterer Langzeitvorteil liegt in der erhöhten Bindung von Phosphor in der mikrobiellen Biomasse (Mäder et al., 2002): Nährstoffe liegen weniger in der Bodenlösung vor, wo sie schnell ausgewaschen werden, stattdessen tragen mikrobielle Transformationsprozesse zu einer schrittweisen und damit langfristigen Phosphatversorgung der Pflanzen bei. So wird die hohe Bedeutung von Bodenorganismen und Pflanzenwurzeln erkannt und steht im Vordergrund der biologischen Bodenpflege. Neben organischer Düngung spielt der Anbau von Leguminosen für die Einfuhr von Stickstoff eine zentrale Rolle. Diese sind über eine Symbiose mit Knöllchenbakterien in der Lage, Luftstickstoff zu fixieren, was zu einem signifikant ansteigenden Stickstoffgehalt in den Böden ökologischer Felder führt (Pimentel et al., 2005). Studien beweisen, dass Leguminosen sogar ausreichend Stickstoff fixieren können, um die derzeit eingesetzte Menge an synthetischen Düngemitteln zu ersetzen (Badgley et al., 2007).

Um einen ausgewogenes Gleichgewicht zwischen Entzug und Wiedereinbringung von unterschiedlichen Nährstoffen zu erreichen, ist eine geeignete Fruchtfolge mit Zwischenfrüchten als Gründünger erforderlich. Die Zwischenfrüchte werden zur Gewinnung von Nährstoffen und organischem Material in den Boden eingearbeitet. Die Pflanzenreste dienen dann den Mikroorganismen im Boden als Nährstoff, welche ihrerseits wiederum Nährstoffe für die Pflanzen verfügbar machen (Borowski et al., 2009). Wichtig ist ein Wechsel zwischen aufbauenden Früchten wie Kleegras oder Körnerleguminosen, welche in den Boden eingearbeitet werden und diesem Nährstoffe geben, und abbauenden Früchten wie Hackfrüchte, Mais oder Getreide, welche dem Boden sehr stark Nährstoffe entziehen (Neuerburg und Schenkel, 2013). Die anspruchsvolleren Nutzpflanzen können dann von den im Vorjahr angepflanzten Zwischenfrüchten profitieren. Neben der Nährstoffbereitstellung sorgt der Fruchtwechsel für eine stets erhaltene Pflanzendecke, welche Erosionen vermeidet und so Nährstoffverluste reduziert. Zudem kann eine Anbaufolge, welche sowohl Pflanzen mit tiefen als auch mit flachen

Wurzeln enthält, dabei helfen, die Bodenstruktur zu verbessern und verschiedene Bereiche für die Nährstoffzufuhr zu nutzen (DEFRA, 2004). Auf diese Weise bleibt die organische Bodenzusammensetzung erhalten. Die damit verbundene höhere biologische Aktivität im Boden erhält das Bodengefüge und verringert abermals Bodenverluste (Borowski et al., 2009; Mäder et al., 2002). Aufgrund der andauernden Pflanzendecke wurden mehr arbuskuläre Mykorrhiza-Sporen sowie eine bessere Kolonisation von Pflanzenwurzeln in Böden von ökologisch bewirtschafteten Feldern nachgewiesen, was zu einer erhöhten Krankheitsresistenz, Humusanreicherung und einer Verbesserung der Versorgung mit Mineralien sowie des Wasserhaushalts führt (Pimentel et al., 2005). Auch Mäder et al. (2002) fanden eine 40% höhere Kolonisation von Mykorrhiza-Pilzen an den Pflanzenwurzeln. Der erhöhte Humus-anteil in ökologischen Böden sorgt zusätzlich für signifikant mehr Wasser in den Böden (Pimentel et al., 2005), sodass bei Trockenperioden oder Überschwemmungen Bio-Systeme einen Vorteil gegenüber konventionellen haben (Niggli et al., 2008).

5.2.2 *Wasser*

Ökologische Systeme gelten als umweltverträglicher in allen Bereichen, und auch bezüglich der Wasserverunreinigung sind diese den konventionellen voraus. Aufgrund des höheren Wasserspeichervermögens von Bio-Böden kommt es zu einem verminderten Versickern in ökologischen Systemen. Das konnten Pimentel et al. (2005) in einer 22-jährigen Studie zum Vergleich von konventionellen und ökologischen Landwirtschaftssystemen bestätigen. Oftmals wird der Bio-Anbau sogar von Wasserwerken gefördert, da weniger Nitratauswaschung stattfindet und weniger Pflanzenschutzmittelrück-stände in die Gewässer gelangen. Das ist für die Wasserwerke ökonomisch sinnvoll, da so weniger Geld für die Grundwasseraufbereitung benötigt wird (Borowski et al., 2009). Tatsächlich findet laut Ronald und Adamchak (2008) zwischen 4,5 und 5,6-mal weniger Nitratauswaschung statt als auf konventionellen Feldern, da das Nitrat an organische Bestandteile gebunden ist und erst mithilfe von Mikroorganismen und Würmern für Pflanzen verfügbar wird. Mondelaers et al. (2009) fanden ebenfalls eine signifikant niedrigere Nitratauswaschung beim Öko-Landbau: Im Durchschnitt stellten sie eine Auswaschung von 8,93 kg/ha beim Öko-Landbau fest, während sie beim konventionellen Anbau 20,85 kg/ha betrug! Jedoch sind diese Zahlen auf die Fläche bezogen. Werden die Auswaschungen pro kg des Produkts berechnet, so ist die Differenz beinahe gleich für beide, da der Öko-Landbau eine geringere Produktivität aufweist (Mondelaers et al., 2009). Dennoch kann die biologische Landwirtschaft einen Beitrag zum Gewässerschutz leisten: Durch das Verbot von synthetischen Pflanzenschutzmitteln sowie reduziertem Einsatz von mineralischen Düngemitteln wird das Risiko für einen Eintrag in Grund- und Oberflächengewässer verringert. Weiterhin sind das Pflügen der Leguminosen zur rechten Zeit und die Kompostierung von Wirtschaftsdüngern am rechten Ort (mit einer ausreichend verfestigten Oberfläche) wichtige Maßnahmen zur Verringerung der Nitratsickerraten (Borowski et al., 2009). Hierfür ist in erster Linie das Wissen der Landwirte über solche Maßnahmen entscheidend.

5.2.3 Pflanzenschutzmittel

Der biologische Pflanzenschutz wird auch als „sanfter" Pflanzenschutz bezeichnet, da er besonders auf Umweltverträglichkeit achtet. So werden als wichtigster Punkt keine chemisch-synthetischen Pestizide eingesetzt. Die Regulation von Unkrautkonkurrenz sowie Krankheiten und Schädlingen erfolgt vorwiegend über **vorbeugende Maßnahmen**. Dabei sind der Anbau von geeigneten,

widerstandsfähigen Sorten, die richtige Standortwahl, eine angepasste Furchtfolge, sowie der richtige Zeitpunkt für den Anbau bestimmter Kulturen von zentraler Bedeutung (BLE, 2017; DEFRA,
2004; Neuerburg und Schenkel, 2013). Zudem werden mechani-
sche Maßnahmen wie Bodenbearbeitung oder die Abdeckung mit
Kulturschutznetzen, Förderung und Schutz von *Nützlingen* durch
Bereitstellung und Pflege von qualitativ hochwertigen Habitaten wie
Hecken, Nistplätze oder Feldraine, und thermische Maßnahmen wie
Abflammen oder „Soil Solarisation" ergriffen (Neuerburg und Schenkel, 2013). Denn wie das Informationsportal der Bundesanstalt für
Landwirtschaft und Ernährung (BLE, 2017) erklärt, lassen sich
Krankheiten und Schädlingsbefall oftmals auf fehlerhafte Anbau-
maßnahmen zurückführen. Die thermischen Methoden helfen meist
sowohl gegen Unkraut als auch gegen Pathogene. Bei der Soil Solarisation beispielsweise wird der feuchte Boden vor der Aussaat
Wochen im Sommer mit einer dünnen, klaren Plastikfolie über 6 hinweg bedeckt. Die Hitze, welche sich unter der Folie bildet, tötet beinahe alle Unkrautsamen sowie Pathogene in den oberen Bereichen
des Bodens ab (Ronald und Adamchak, 2008). Auch der Einsatz
von Kompost kann neben seinen Düngeeigenschaften auch zur Bekämpfung von Krankheiten und Unkräutern beitragen. Denn der
Kompostierprozess findet bei hohen Temperaturen statt – in der
Mitte können über 70°C herrschen –, in welchen Pathogene und
Unkrautsamen abgetötet werden, wenn sie ihnen eine gewisse Zeit
lang ausgesetzt sind (DEFRA, 2004; van Horn, 1995).

Direkte Maßnahmen sind dagegen nur sehr begrenzt erlaubt.
Der Einsatz von Herbiziden ist in der ökologischen Landwirtschaft
gänzlich verboten, während andere Pflanzenschutzmittel ausschließlich dann eingesetzt werden dürfen, wenn eine direkte Ge-
fährdung der Pflanzen vorliegt (DEFRA, 2004). Vorbeugender Einsatz von Pestiziden ist somit untersagt. Die EG-Öko-Verordnung
enthält in Anhang II eine genaue Liste mit denjenigen Substanzen,

welche zur Anwendung erlaubt sind (Europäische Kommission, 2008). Die biologischen Pflanzenschutzmaßnahmen sind in der folgenden Abbildung des Julius-Kühn-Instituts zusammengefasst.

Abbildung 31: Handlungsrahmen für den Pflanzenschutz im Ökologischen Landbau (erstellt nach Julius Kühn-Institut, 2010)

Kontrolle von Krankheiten und Schädlingen. Um Pathogenbefall vorzubeugen, ist besonders die Auswahl von robusten, standortangepassten Pflanzen wichtig. Mit den richtigen Arten und Sorten wird im Idealfall vermieden, dass Schädlinge die Pflanzen über-

haupt erst befallen. Aus diesem Grund ist eine Nutzpflanzenzüch-
tung mit den geeigneten ökologischen Zuchtzielen wichtig. Zudem
können Schutzmaßnahmen wie mechanische Barrieren (z.B.
Schneckenzäune) errichtet werden – oftmals gibt es einfache Methoden, welche dennoch sehr effektiv sein können. Ein gut durch-
dachter Fruchtwechsel verhindert den Aufbau von spezifischen In-
sektenpopulationen oder Krankheiten (Ronald und Adamchak,
2008). Der Anbau von immer gleichen Sorten auf einem Feld schafft
dagegen ideale Bedingungen für etablierte Schädlingspopulationen. Werden jedoch zwischendurch Nicht-Wirtspflanzen angebaut,
können diese durchbrochen werden. Daneben dient eine gute Nütz-
lingsfauna als Basis zur Vermeidung der Entwicklung von Krankheiten und Schädlingen. Dazu ist ein gesunder Boden von größter
Wichtigkeit. Der Einsatz von Kompost hilft, Schädlinge durch die
enthaltenen nützlichen Mikroorganismen zu unterdrücken (Ronald
und Adamchak, 2008). Daneben gestalten die Bio-Landwirte vielseitige Lebensräume für diverse nützliche Insekten, Vögel und Säuger. Diese sind oftmals Prädatoren für Schädlinge und helfen somit
dem Landwirt, die Populationen in Schach zu halten. Dieses erneut
relativ einfache Prinzip hat sich als effektive Maßnahme erwiesen
und stammt aus dem Verständnis, den Bauernhof als lebenden Organismus zu verstehen und somit alle natürlichen Kräfte zusam-
menzubringen. Im Gegensatz zum Einsatz von Herbiziden werden
hier natürliche Kreisläufe ausgenutzt und kein Gift in die Umwelt
freigesetzt. Schädlinge werden über ihre natürlichen Schwächen
zurückgedrängt, und das bereits bevor sie sich erst richtig etablieren
können. Pestizide dagegen werden erst bei erhöhtem Aufkommen
der Schädlinge eingesetzt. Neben den problematischen Nebenwirkungen von Pestiziden ist auch deren Wirkungsspektrum begrenzt,
da Schädlinge Resistenzen entwickeln können. So müssen immer
wieder neue Pestizide entwickelt werden, welche wiederum unklare
Auswirkungen auf die Umwelt haben können. Der Kampf scheint
dabei endlos: Ronald und Adamchak (2008) berichten von einer

noch immer gleichen Anzahl an Schädlingen wie zu Beginn des Pestizideinsatzes in den 1940er Jahren. Dies scheint zunächst verblüffend, ist jedoch mit einer ständigen Resistenz-entwicklung gut erklärbar. Auch wenn sich die Zusammensetzung der Arten vermutlich geändert hat, ist die Anzahl aufgrund des Pestizideinsatzes nicht gesunken. Denn resistente Arten haben einen enormen Fitnessvorteil in den Feldern und können sich so verstärkt durchsetzen. Statt einer chemischen Schädlingsbekämpfung ist es daher sinnvoll, im Voraus die Gesundheit und richtige Pflege der Pflanzen in den Vordergrund zu stellen und deren Wachstumsbedingungen zu optimieren. Durch genaue Beobachtung und regelmäßige Kontrollen der Felder können Schädlinge schon im Voraus erkannt und eventuell durch den gezielten Einsatz von natürlichen Feinden gebannt werden, anstatt zu warten, bis sich der Schädling ausbreitet. Inzwischen gibt es ein breites Spektrum von gezüchteten Nützlingen, welche ein für sie spezifisches Beutespektrum gegen bestimmte Schädlinge aufweisen. Die von der Bundesanstalt für Landwirtschaft und Ernährung (BLE) geführte Internetseite Ökolandbau.de führt ein Verzeichnis mit sämtlichen Nützlingen und Schädlingen und deren Einsatz bzw. Bekämpfungsmöglichkeiten, zudem gibt es ein übersichtliches Buch von Hassan et al. (1993) mit vielen detaillierten Informationen über Nützlinge. Bislang können viele davon leider nur im Gewächshaus oder zum Vorratsschutz eingesetzt werden, daher ist die Nützlingsförderung durch Habitate ein entscheidender Schritt im Freiland. Zusätzlich gibt es eine ausführliche Liste mit Pflanzen, welche nützliche Insekten anlocken (Hoffman, 2014). Dennoch gibt es auch im Freiland einige Nützlingsarten, welche zur akuten Schädlingsbekämpfung eingesetzt werden können. So können Blattläuse mithilfe von Marienkäferlarven erfolgreich bekämpft werden, oder auch der Maiszünsler und andere Schad-Lepidopteren wie der Getreidewickler und der Ährenwickler mithilfe der Schlupfwespe Trichogramma (BLE, 2017; Hassan et al., 1993). Auch der Einsatz von Nematoden gegen Schnecken, von

Raubmilben gegen Spinnmilben (besonders im Wein- und Obstbau) und viele weitere Nützlinge sind möglich. Wichtig ist zu erwähnen, dass die eingesetzten Nützlinge keinerlei Schäden für Pflanze oder Mensch verursachen. Aufgrund der hohen Erfolgsquote werden Nützlinge auch bei Hobbygärtnern immer beliebter. Neben dem Einsatz von Nützlingen gibt es zusätzlich die mikrobiologische Abwehr mittels insektenpathogener Bakterien oder Viren, wie beispielsweise Baculoviren gegen den Apfelwickler oder dem Toxin des Bakteriums *Bacillus thuringiensis* gegen Frostspanner, Maiszünsler, Kartoffelkäfer und einige andere Schädlingsarten – das Bt-Gift, welches von vielen GVPs exprimiert wird (Borowski et al., 2009; BLE, 2017). Zuletzt stellt der Einsatz von Pheromonen (Sexuallockstoffe) über die sogenannte Verwirrtechnik eine Möglichkeit zur biologischen Schädlingsbekämpfung dar. So können beispielsweise bei Motten die Männchen über synthetische Hormone verwirrt werden, sodass diese keine Weibchen mehr finden können und so eine Paarung verhindert wird (Ronald und Adamchak, 2008). Oder aber die Pheromone werden zur Anlockung für den Massenfang eingesetzt. Eine andere Möglichkeit bietet das Autozidverfahren, bei welchem meist durch Bestrahlung sterilisierte Männchen einer Schädlingsart ausgesetzt werden, wodurch die Anzahl der Nachkommen und somit die Populationsgröße zurückgeht (Hahlbrock, 2012). Der Vorteil der biologischen Schädlingsbekämpfung liegt in der extremen Spezifität, sodass ungewollte Nebeneffekte auf andere Tiere und Nützlinge sehr gering ausfallen oder teilweise ganz ausgeschlossen werden können. Jedoch besteht aus diesem Grund nicht immer die Möglichkeit zum Einsatz – er ist nur für spezifische, gut untersuchte Fälle möglich. Weiterhin ist natürlich auch eine mechanische Abwehr möglich, sowohl mit Geräten als auch von Hand. Pflanzenschutzmittel dürfen ausschließlich bei Versagen der vorherigen Methoden, sozusagen als Notbremse, verwendet werden. Wie oben beschrieben, gibt es genaue Vorschriften, welche Pflanzenschutz-

mittel dabei eingesetzt werden dürfen, da für die ökologische Landwirtschaft strengere Auflagen gelten. Die Zubereitung und Anwendung von Pflanzenschutzmitteln ist in ausgewählten Fällen im eigenen Betrieb erlaubt (Julius Kühn-Institut, 2010). Neben den
Pflanzenschutz- gibt es auch Pflanzenstärkungsmittel, welche in biologischen Landbau verstärkt eingesetzt werden. Das Bundesamt
für Verbraucherschutz und Lebensmittelsicherheit (BVL, 2017) erklärt: *„Gemäß § 2 Nr. 10 Pflanzenschutz-gesetz gelten als Pflanzenstärkungsmittel: Stoffe und Gemische einschließlich Mikroorganismen, die*

- *ausschließlich dazu bestimmt sind, allgemein der Gesunder-
  haltung der Pflanzen zu dienen soweit sie nicht Pflanzenschutzmittel nach Artikel 2 Absatz 1 der Verordnung (EG)
  Nr. 1107/2009 [sind], oder*
- *dazu bestimmt sind, Pflanzen vor nichtparasitären Beeinträchtigungen zu schützen.*

*Produkte der zweiten Gruppe sind z. B. Mittel zur Verminderung der
Wasserverdunstung oder Frostschutzmittel."* Der Einsatz von Pflan-
zenstärkungsmitteln ist durch das BVL geregelt und muss diesem
gemeldet werden. Bei schädlichen Auswirkungen auf die Gesundheit von Mensch und Tier, auf Grundwasser oder den Naturhaushalt
kann das betroffene Mittel verboten werden (BVL, 2017). Alle bisher
nicht verbotenen Mittel sind in einer entsprechenden Liste des BVL
aufgeführt. Leider wurde bei vielen ehemaligen Pflanzenstärkungs-
mitteln eine schützende Wirkung gegenüber Schad-organismen auf
die Pflanze festgestellt, sodass diese nun zu den Pflanzenschutzmitteln gezählt werden und im Ökolandbau nicht mehr eingesetzt
werden dürfen (BLE, 2017). Im Gegensatz zu Pflanzenschutzmitteln
wirken Pflanzenstärkungsmittel nicht direkt gegen den Schaderre-
ger, sondern sie bewirken eine Erhöhung der Widerstandsfähigkeit
von Pflanzen gegen die Schadorganismen oder schützen die Pflanzen vor nichtparasitären Beeinträchtigungen. Hier ist kein Nachweis

der Wirksamkeit notwendig. In der Regel sind Pflanzen-stärkungs-mittel natürlichen Ursprungs: Es gibt Mittel auf anorganischer Basis wie Gesteinsmehle und Salze, Mittel auf organischer Basis wie Algenextrakte, Pflanzenextrakte, -aufbereitungen oder -öle sowie Wachse, und die Homöopathika, eine homöopathisch potenzierte Form der vorher genannten Ausgangsstoffe (Julius Kühn-Institut, 2010). Eine letzte Gruppe stellen die mikrobiellen Mittel dar, welche Pilze oder Bakterien enthalten (ebd.). Besonders im Demeter-An-bau spielen die Homöopathika, die sogenannten biodynamischen Präparate, eine bedeutende Rolle. Hier ist die Anwendung der *„vitalisierenden Zubereitungen für Boden und Pflanzen"* Pflicht (De-meter e.V., 2017). Für die Herstellung werden pflanzliche, minerali-sche und tierische Substanzen kombiniert, um sie in veränderter Form der Natur wieder zuzuführen (ebd.). Der Verein begründet den Einsatz von Kompostpräparaten mit einer *„nachweislichen Verbes-serung des Humus-aufbaus und der Bodenstruktur"* (ebd.). Zusam-mengefasst widmet sich der ökologische Landbau ausführlich der Vorbeugung von Krankheiten und Schädlingen und sorgt für ein ge-sundes Umfeld im Einklang mit der Natur. Synthetische Pflanzen-schutzmittel sowie präventiver Pestizideinsatz sind nicht gestattet, stattdessen werden vielseitige Methoden zur Stärkung der Kultur-pflanzen und der natürlichen Feinde von Schadorganismen einge-setzt.

Unkrautkontrolle. Die vorbeugenden Maßnahmen gegen ein zu hohes Unkrautvorkommen sind besonders durch eine abwechs-lungsreiche Fruchtfolge, mechanische Oberflächenbearbeitung und die eben erläuterten thermischen Methoden gekennzeichnet. Da im biologischen Landbau keine Herbizide verwendet werden dürfen, ist die mechanische Unkrautentfernung von großer Bedeutung, beson-ders vor deren Samen-bildung. Zusätzlich nutzen einige Landwirte das Abflammen mithilfe von Gasbrennern. Hierbei werden Unkräu-ter stark erhitzt, wodurch die Zellwände platzen und die Pflanzen abgetötet werden (Dierauer, 2000). Die Wirkung ist mit bis zu 100% sehr effektiv und sorgt für eine dauerhafte Beseitigung, ohne das Risiko einer Resistenzbildung, wie es bei Herbiziden besteht. Der richtige Einsatzzeitpunkt ist jedoch entscheidend (ebd.). Besonders im Gemüsebau wird diese Abflammtechnik gern eingesetzt. Im Gegensatz zu den Maßnahmen gegen Schadorganismen sind die Techniken zur Unkrautbekämpfung bei Weitem nicht so ausgereift und vielseitig. Vergleicht man Investitionen des Ökolandbaus gegen Schädlinge bzw. Unkräuter und den konventionellen Einsatz von Herbiziden bzw. Insektiziden, wird ein starker Kontrast erkennbar: Während Herbizide den mit Abstand größten Absatz von Pflanzenschutzmitteln im konventionellen Bereich ausmachen, wird die Aufmerksamkeit im Ökolandbau sehr viel mehr auf Schadorganismen gerichtet.

5.2.4 Biodiversität

Die Landwirtschaft nimmt einen großen Flächenanteil unserer Landschaft ein. Es gibt nur noch sehr wenige naturbelassene Gegenden auf unserer Erde. Daher spielt die Biodiversität auf den Feldern eine bedeutende Rolle. Generell ist die Artenvielfalt, also die Diversität von Flora und Fauna, auf biologischen Flächen größer als auf konventionellen (Borowski et al., 2009; Mäder et al., 2002). Abbildung 32 zeigt eine Zusammenfassung von 76 wissenschaftlichen Studien, welche den Einfluss der ökologischen Landwirtschaft auf die Biodiversität verschiedener Arten im Vergleich zur konventionellen Landwirtschaft untersucht haben. Hier wird im Allgemeinen ein klarer positiver Effekt von Öko-Managementpraktiken auf die Biodiversität deutlich: In 66 Fällen wurden positive Effekte gefunden, und in nur 8 waren negative Folgen feststellbar. Jedoch ist die Komplexität des Biosystems hoch, und so können nicht immer alle Arten gleichzeitig profitieren: In 16% der Studien wurden negative Folgen des Öko-Landbaus auf das Artenreichtum festgestellt. Diese negativen Ergebnisse dürfen nicht außer Acht gelassen werden – so ist es falsch, Öko-Systeme für sämtliche Bereiche als besser zu deklarieren. Stattdessen herrscht eine starke Variation zwischen den Studien und Organismengruppen. Eine Metastudie von Bengtsson et al. (2005) bestätigt jedoch die generell positive Tendenz: Dort wurden stark positive Effekte ermittelt, mit durchschnittlich 30% mehr Arten und sogar 50% mehr Individuen auf Öko-Flächen. Profitieren können besonders Vögel, räuberische Insekten, Spinnen, bodenbewohnende Organismen und die Ackerbegleitflora, während es für Krankheiten und nicht-räuberische Insekten keine Unterschiede zwischen konventionellem und ökologischem Anbau gibt.

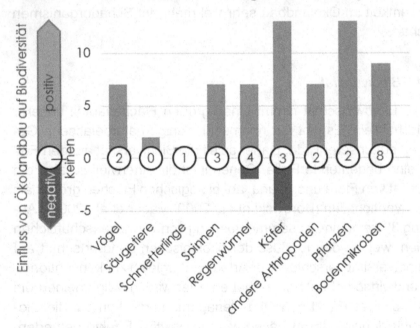

Abbildung 32: Zusammenfassung der Effekte (positiv, negativ oder keinen) von ökologischer Landwirtschaft auf Biodiversität von unterschiedlichen Pflanzen- und Tiergruppen im Vergleich zu konventionellem Anbau (erstellt nach Hole et al., 2005)

Ackerbegleitflora. Schaut man sich die Studien zur Biodiversität von Pflanzen auf Öko-Feldern an, so sind ausschließlich positive Ergebnisse zu verzeichnen. Nach Mäder et al. (2002) wurden zwischen 9 und 11 Unkrautarten auf biologischen Weizenfeldern gefunden, während sich nur eine einzige Art auf konventionellen Feldern durchsetzen konnte. Auch die Abbildung von Borowski et al. (2009) zeigt Ergebnisse aus 17 Studien mit ausschließlich positiven Aus-wirkungen für die Artenzahlen auf ökologisch bewirtschafteten Feldern: zwischen 25% und bis zu sogar 250% mehr Artenvielfalt als auf konventionellen Feldern! Haber und Salzwedel (1992) sprechen von doppelt so hoher Artenzahl der Ackerwildkräuter, welche auf den Verzicht chemischer Herbizide zurückzuführen sei. Einig sind sich die Studien auch, dass besonders seltene Pflanzenarten im Öko-Landbau in deutlich höherer Anzahl vorkommen (Hole et al., 2005; Mondelaers et al., 2009; Pfiffner und Balmer, 2011). Insbesondere solche mit hohem Naturschutzwert sind typisch für den Ökolandbau, während diese auf konventionellen Feldern fehlen und dort stattdessen Problemunkräuter wie Kleblabkraut, Ackerwindhalm oder Quecke vorherrschen (Ammer et al., 1995). Die erhöhte Artenvielfalt ist wichtig, da die Pflanzen als Nahrungsquelle für viele Insekten und andere Tiere dienen. Eine hohe Pflanzen-Diversität erhöht auch die Chance für eine höhere Artenvielfalt im Tierreich. Mäder et al. (2002) bestätigen, dass manche spezialisierte und gefährdete Arten ausschließlich auf Bio-Flächen zu finden sind. Als weiterer Punkt ist auch die Agro-Biodiversität auf Öko-Feldern größer, da der Bio-Landbau sich für den Erhalt von alten Pflanzensorten und den Anbau von verschiedenen anstatt nur weniger hochproduktiver Sorten einsetzt (Borowski et al., 2009). Der Ökolandbau fördert also gezielt die Biodiversität der Ackerbegleitflora.

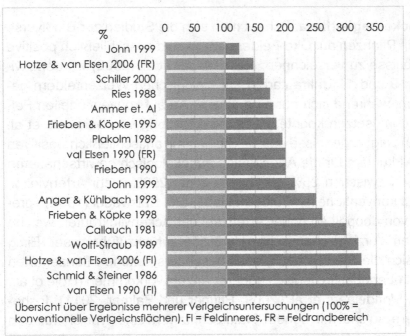

Übersicht über Ergebnisse mehrerer Verlgeichsuntersuchungen (100% = konventionelle Verlgeichsflächen). FI = Feldinneres, FR = Feldrandbereich

Abbildung 33: Ackerwildkraut-Artenzahlen auf ökologisch bewirtschafteten Ackerflächen (erstellt nach Borowski et al., 2009)

Hole et al. (2005) erklären drei Verfahren, welche mit dem Ökolandbau verbunden sind und besondere Vorteile für die Ackerland-Biodiversität haben:

1. Verbot bzw. geringerer Verbrauch von chemischen Pestiziden und anorganischen Düngemitteln (was negative Effekte auf Nicht-Zielarten erheblich verringert)
2. Verständnisvoller Umgang mit den Lebewesen um die Kulturpflanzen und auf den Ackerrandstreifen
3. Erhalt von Mischbetrieben (Kopplung von Agrarwirtschaft und Viehwirtschaft)

Daneben gibt es noch weitere Maßnahmen des Ökoanbaus, welche die Biodiversität fördern, wie der abwechslungsreichere Fruchtwechsel, die schonende Bodenbearbeitung sowie der höheren Anteil von naturnahen Lebensräumen (Pfiffner und Balmer, 2011).

Tiere. Von diesen Verfahren profitieren neben den Ackerwildkräutern auch die Tiere auf und um das Feld. So konnte eine höhere
Anwesenheit von Arthropoden, harmlosen Schmetterlingen und
Spinnen sowie von Vögeln festgestellt werden (Mondelaers et al.,
2009). Bodenkäfer sind mit höherer Vielfalt und Dichte in ökologischen Feldern vorzufinden (Pfiffner und Balmer, 2011), die Arthro-
podendichte ist fast doppelt so hoch (Mäder et al., 2002). Das Fangergebnis von Abbildung 34 zeigt ein noch drastischeres Bild, in
welchem der Ökolandbau einen enormen Beitrag zur Erhaltung der
von der konventionellen Landwirtschaft stark betroffenen Arthropoden liefert.

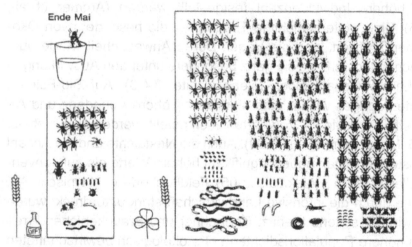

Abbildung 34: Barberfallen - Fangergebnis Ende Mai auf konventioneller
(links) und biologischer Parzelle (Ammer et al., 1995)

Die ökologische Landwirtschaft schafft bewusst Lebensräume,
Nahrung sowie Rückzugsmöglichkeiten für diverse Arten, indem sie
Hecken, Wegraine, Feuchtbiotope, Magerrasen oder Streuobstwie-
sen fördert (Borowski et al., 2009). Hecken auf ökologischen Feldern weisen eine signifikant höhere Artenvielfalt auf: Zwischen 23
und 53 Arten im Gegensatz zu nur 20-36 Arten in Hecken auf konventionellen Feldern (Hole et al., 2005). Der Verzicht auf Herbizide

ermöglicht die häufige Ausbildung von Blüten und Samen (Ammer et al., 1995), was wiederum enorme Auswirkungen auf Bienen hat: Deren Biodiversität ist 3-mal höher und die Individuenzahl sogar 7-mal höher als auf konventionellen Feldern (Pfiffner und Balmer, 2011). Die daraus resultierende verbesserte Bestäubung von Blumen in den umgebenden Gebieten führt wiederum zu einer größeren Artenvielfalt der Pflanzen um die Felder herum (Pfiffner und Balmer, 2011). Zudem dienen die Blüten und Samen als Nahrungsgrundlage oder Sitzwarten für viele Insekten. So werden auch Nützlinge in solchen Feldern begünstigt: Bei Schwebfliegen und Marienkäfern konnten eine 2,5-fache Artenvielfalt und sogar eine bis zu 10-fach höhere Individuenzahl festgestellt werden (Ammer et al., 1995). Eine weitere wichtige Tiergruppe, die besonders von Öko-Flächen profitiert, sind die Vögel. Deren Anwesenheit wurde ausführlich untersucht, da sie ganz besonders unter den Auswirkungen der Landwirtschaft leiden (siehe Kapitel 3.4.3). Auf Bio-Feldern konnte dagegen wieder eine signifikant höhere Abundanz und Artenvielfalt von vielen Vogelarten festgestellt werden (Hole et al., 2005; Mondelaers et al., 2009). Auch die Nestdichte und die Anzahl an nistenden Arten haben signifikant höhere Werte als auf konventionellen Feldern (Hole et al., 2005). Feldlerchen – eine typische Art, welche durch die intensive Landwirtschaft stark unterdrückt wurde – sowie der seltene Kiebitz, Rebhühner und Braunkehlchen erreichen höhere Populationsdichten unter ökologisch bewirtschafteten Betrieben (Pfiffner und Balmer, 2011). Dennoch konnten für einige Arten auch rückläufige Zahlen festgestellt werden (Hole et al., 2005). Belfrage et al. (2005) erklären jedoch, dass die größten Unterschiede zwischen kleinen und großen Feldern bestehen, und nicht zwischen ökologischen und konventionellen. So sind kleine Felder besonders wertvoll. Neben den Tieren in und um das Feld sind auch Bodenorganismen betroffen. So gibt es eine generelle Tendenz von mehr Regenwürmern auf Bio-Feldern. Die Zahlen variieren von doppelt so vielen bis sogar einer mehr als 8-mal höheren

Anzahl (174 Regenwürmer pro m^2 vs. nur 21 in konventionellen Böden; Hole et al., 2005). Auch Mäder et al. (2002) berichten von einer 1,3 bis 3,2-fachen Biomasse der Regenwürmer. Diese Zahlen kommen in erster Linie zustande durch den erhöhten Einsatz von Wirtschafts- und Gründüngern im Ökolandbau, welche durch die erhöhte Humusdichte wichtige Nahrungsquellen für die Regenwürmer liefern, sowie dem Verbot von Pestiziden, von welchem vor allem Arten nahe der Oberfläche, die den Pestiziden besonders ausgesetzt sind, profitieren (Hole et al., 2005; Pimentel et al., 2005). Die Regenwürmer schaffen nachgewiesenermaßen mehr Bodenstabilität (positive Korrelation zwischen Bodenstabilität und der Biomasse von Regenwürmern; Mäder et al., 2002), d.h. die Landwirtschaft profitiert von einer erhöhten Abundanz. Dennoch haben Czarnecki und Paprocki (1997) eine Studie durchgeführt, welche von einer niedrigeren Anzahl an Regenwürmern berichtet, was eventuell durch intensive Boden-bearbeitung verursacht wurde (zitiert von Hole et al., 2005). Auch hier sind die Auswirkungen also situationsabhängig. Aber auch andere Bodenorganismen können profitieren: Durch die Zugabe von organischem Dünger wird ein signifikant höherer Input an organischem Kohlenstoff geliefert, welcher besonders Mikroorganismen fördert (Hole et al., 2005; Pimentel et al., 2005). Auch gibt es Beweise für einen generellen Trend einer erhöhten Anwesenheit von Bakterien und Pilzen unter organischen Systemen (Hole et al., 2005). Eine Studie in Norwegen zeigt eine starke Reduktion von Bodenkrankheiten in ökologischen Böden aufgrund der reicheren Pilzfauna (Klingen et al., 2002). Zusammenfassend können oftmals positive Effekte des Bio-Landbaus bezüglich der Artenvielfalt und Anzahl von Individuen erreicht werden, jedoch besteht eine gewisse Variation je nach Management und Organismengruppe. Bei vielen Arten wurden gegensätzliche Studienergebnisse festgestellt, daher sind Generalisierungen schwierig. Je nach Management-System profitiert die eine oder die andere Art

mehr, dennoch sind im Schnitt die Auswirkungen auf die Artenvielfalt und -abundanz in ökologischen Systemen deutlich positiver verglichen mit konventionellen. Eine hohe Artenvielfalt erhöht die Stabilität des Agrar-Ökosystems und ist daher auch für den Landwirt
wünschenswert. Es ist jedoch auch festzuhalten, dass auf jeder Agrarfläche trotz allem eine noch sehr viel geringere Artenvielfalt
herrscht als in naturbelassenen Ökosystemen.

5.2.5 Klima

Bezüglich den Klimaauswirkungen hat die ökologische Landwirtschaft einige Vorteile gegenüber der konventionellen. So ist sie
aufgrund ihrer besseren Ökobilanz weniger stark am Klimawandel
beteiligt. Denn es wird weniger <u>Energie</u> zur Herstellung von synthetischen Dünge- und Pflanzenschutzmitteln benötigt, da der Stick-
stoffeintrag hauptsächlich über Leguminosen, Kompost und Wirtschaftsdünger stattfindet. Synthetische Stickstoffdünger sind laut
Forschungsinstitut für biologischen Landbau *FiBL* maßgeblich an
der Erderwärmung beteiligt (Niggli et al., 2008). Auf Bio-Feldern
werden zudem 97% weniger Pestizide eingesetzt (Mäder et al.,
2002), was ein enormes Plus für die Energiebilanz einbringt. Aus
diesen Gründen werden laut Ronald und Adamchak (2008) 46-67%
weniger Energie verbraucht als auf Feldern mit chemischen Düngemitteln, laut Mäder et al. (2002) insgesamt 36-53% und laut
Borowski et al. (2009) 20-60%. Jedoch bringt der Ökolandbau geringere Ernten ein, sodass sich die Bilanz auf den Ertrag bezogen
verringert. Trotzdem liegt sie dann bei einem noch immer 20-40%
geringeren Energieverbrauch (Borowski et al., 2009). Die unterschiedlichen Zahlen resultieren aus sehr unterschiedlichen Ergeb-
nissen je nach Standort, Management-Methode und der angebauten Pflanze. So wird beim ökologischen Mais- oder Sojaanbau 30
% weniger Energie benötigt als beim konventionellen (Pimentel et
al., 2005). In Tabelle 5 werden Klimabilanzen für verschiedene

Lebensmittel aus ökologischer und konventioneller Landwirtschaft verglichen. Schnell wird deutlich, dass bei jedem einzelnen Produkt die Bio-Ware besser abschneidet. Dennoch gibt es einige (wohlweislich in dieser überzeugenden Tabelle nicht genannten) Pflanzen, welche eine wesentlich schlechtere Bilanz bei ökologischer Anbauweise aufweisen. Bio-Karotten beispielsweise brauchen fast doppelt so viel Energie als konventionelle, was hauptsächlich durch das Abflammen von Unkraut zustande kommt (Bos et al., 2007).

Tabelle 5: Klimabilanz für pflanzliche Nahrungsmittel aus konventioneller und Ökologi-scher Landwirtschaft beim Einkauf im Handel in g CO_2-Äquivalente pro kg (erstellt nach Borowski et al., 2009)

Produkte	konventionell	ökologisch
Gemüse – frisch	150	127
Gemüse – Konserven	509	477
Gemüse – tiefgekühlt	412	375
Kartoffeln – frisch	197	136
Kartoffeln – trocken	3.768	3.346
Pommes frites – tiefgekühlt	5.714	5.555
Tomaten – frisch	327	226
Brötchen, Weißbrot	655	547
Brot – misch	763	648

Hinsichtlich der Treibhausgasemissionen stellen Wehde und Dosch (2010) die enorme Minderung bei ökologischer Bewirtschaftung im Vergleich zu integrierten Betrieben dar. Für die Berechnung wurden die Einflussfaktoren der Betriebsstrukturen (Tierbesatz, Fruchtfolge), die Bewirtschaftungs-intensität (Stoff- und Energieinputs) sowie die Verfahren (z.B. Bodenbearbeitung) berücksichtigt. Daraus ergeben sich fast dreimal so hohe Emissionen in integrierten Betrieben als bei ökologischen Systemen. Bei einer produktionsbezogenen Betrachtung sind die Treibhausgasemissionen des Ökolandbaus noch um 26% geringer. Mondelaers et al. (2009) folgern dagegen, dass durch den niedrigeren Ertrag im Ökolandbau die Emissionen pro Produkteinheit für konventionelle und ökologische Betriebe gleich hoch seien. Das Verbot von chemischen Düngemitteln führe durch den erhöhten Benzinverbrauch bei der mechanischen Unkrautbekämpfung zu einem Ausgleich des CO_2-Verbrauchs. Der enorme Unterschied zwischen flächenbezogenen und produktionsbezogenen Emissionen lässt durchaus darauf schließen, dass die THG-Bilanz von Ökobetrieben nicht so viel besser ist, wie es zunächst vermuten lässt. Auch hier unterscheiden sich die Ergebnisse vermutlich stark zwischen einzelnen Betrieben. Dennoch sind die Emissionen von Ökobetrieben niemals höher eingeschätzt worden, sondern immer niedriger oder gleich. Daher ist die Gesamtbilanz als positiv zu betrachten, wenn auch nicht ganz so stark wie zunächst vermutet.

Neben Energieverbrauch und THG-Emissionen spielt der Boden eine wichtige Rolle für die Klimabilanz. Der Boden gilt als größter terrestrischer Kohlenstoffspeicher, denn durchschnittlich 50-58% des organischen Materials ist Kohlenstoff (Mondelaers et al., 2009). Besonders durch Wirtschaftsdünger und den Anbau von mehrjährigen Leguminosen wird Kohlenstoff zurück in den Boden gebracht. So kommt es in ökologisch bewirtschafteten Böden zu einer Kohlenstoffakkumulation von durchschnittlich ca. 400 kg pro Hektar und Jahr, während konventionelle Felder üblicherweise Netto-Emittenten sind und somit eine Abnahme an Kohlenstoff im Boden zu verzeichnen ist (Wehde und Dosch, 2010). Pimentel et al. (2005) berichten sogar, dass ein jährlicher Kohlenstoffanstieg in ökologischen Böden von bis zu knapp 1000 kg/ha (ca. 28%) möglich ist, während die konventionellen Höchstwerte lediglich 300 kg/ha

erreichen konnten (8,6%). Als gutes Beispiel für die enormen Ausmaße der Speicherkapazität von Böden dienen Experimente in der
Schweiz und Bulgarien, welche das globale Erwärmungspotential
für Landwirtschaftsbetriebe errechnet haben. Im Bio-Anbau lag
emissionsbedingte Potential um 18% niedriger (Niggli et al., 2008).
In anderen Experimenten derselben Art in Bayern und den Nieder-
landen jedoch konnten keine Unterschiede oder sogar höhere Emissionen festgestellt werden (ebd.). Wird nun allerdings zusätzlich zu
den Emissionen die CO_2-Sequestrierung des Bodens, d.h. dessen
CO_2-Abscheidung und -Speicherung, einbezogen, so drehen sich
die Werte von einem Anstieg an THG-Emissionen zu einer positiven
Reduktion der THG-Emissionen, wie Abbildung 35 zeigt.

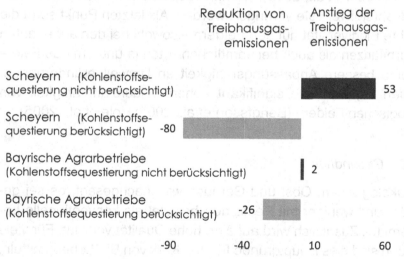

Abbildung 35: Potential des relativen Beitrags an der globalen Erwärmung von
ökologischer Landwirtschaft verglichen mit konventioneller Landwirtschaft mit und
ohne Berücksichtigung der CO2-Sequestratoin, in g CO2 Äquivalente pro kg
Produkt (erstellt nach Niggli et al., 2008)

Bezüglich der <u>Anpassungsfähigkeit</u> an zukünftige Klimaereignisse schneiden ökologische Betriebe ebenfalls gut ab. Die Humuserhöhung führt zu einer erhöhten Wasserspeicherfähigkeit und damit zu einer besseren Toleranz von Trockenperioden, Starkregenereignissen oder erhöhten Temperaturen, welche in Zukunft wohl häufiger auftreten werden (Wehde und Dosch, 2010). Mehr Wasser kann verdunsten, was zu einer Verdunstungskühlung führt, und ebenso kann die dunklere Farbe der Böden mehr Sonnenenergie speichern. Auf diese Weise können biologisch bewirtschaftete Böden der Erderwärmung entgegenwirken (ebd.). Eine zusätzliche Stärke von humusreichen Böden ist die höhere Strukturstabilität. Diese ist bei ökologischen Böden 10-60% höher als bei konventionellen (Mäder et al., 2002), womit Erosionen entgegengewirkt wird und Nährstoffverluste verringert werden. Als letzten Punkt sorgt die erhöhte Biodiversität auf den Feldern – sowohl bei den angebauten Kulturpflanzen als auch bei sämtlichen Arten in und um das Feld – für eine bessere Anpassungsfähigkeit an Umweltveränderungen. Studien ergaben eine signifikant höhere Widerstandfähigkeit von ökologischen Feldern (Bengtsson et al., 2005; Hole et al., 2005).

5.2.6   Gesundheit

Ökologischem Obst und Gemüse wird nachgesagt, es sei gesünder und weniger mit Pestiziden belastet als konventionelle Lebensmittel. Zusätzlich wird auf eine hohe Qualität vertraut. Für viele Kunden sind dies Hauptgründe für den Kauf von Bio-Lebensmitteln. Auf die Richtigkeit dieser Annahmen wird im Folgenden eingegangen.

5.2.6.1 Schadstoffe u. Verunreinigungen in Lebensmitteln

Widmen wir uns zunächst den Verunreinigungen durch Pestizide sowie den enthaltenen Schadstoffen wie Belastungen durch

Schwermetalle, von welchen wir wissen, dass die in vielen konventionellen Lebensmitteln vorkommen (siehe Kapitel 3.4.5). Sind die Untersuchungsergebnisse für Bio-Lebensmittel wirklich besser?

Nitrat. Bio-Lebensmittel enthalten nachweislich signifikant niedrigere Konzentrationen an N als konventionelles Obst und Gemüse. Das haben Barański et al. (2014) in einer Meta-Analyse von 343 begutachteten Publikationen bewiesen: So wurde eine 30% niedrigere Konzentration an Nitrat und sogar ganze 87% weniger Nitrit in ökologisch angebauten Lebensmitteln gefunden. Der konventionelle Input an mineralisiertem N ist sehr hoch, daher sind auch die Konzentrationen in den entsprechenden Pflanzen höher als bei ökologischem Anbau. Folglich ist das Risiko für Magenkrebs und Blausucht durch ökologisch angebaute Lebensmittel geringer.

Schwermetalle. Das hochgiftige Metall Cadmium wurde zu 48% seltener in ökologisch angebauten Pflanzen gefunden als bei konventionellen (Barański et al., 2014). Somit ist das Risiko einer Vergiftung durch den Verzehr von Bio-Lebensmitteln tatsächlich geringer.

Pestizide. Da die ökologische Landwirtschaft den Einsatz von Pestiziden stark eingrenzt und viele Mittel ganz ablehnt, vertrauen Verbraucher auf sehr geringe bis keine Belastungen in Öko-Lebensmitteln. Tatsächlich gibt es statistisch hochsignifikante Unterschiede: In konventionellen Lebensmitteln sind die Pestizidrückstände im Schnitt 4-mal häufiger als bei biologischen (Baker et al., 2002; Barański et al., 2014). Zudem sind auch die Mengen der Rückstände niedriger, und multiple Rückstände seltener, wie eine Metastudie von Baker et al. (2002) beweist. Besonders zur Geltung kamen diese Ergebnisse, wenn persistente Langzeitrückstände wie DDT ausgeschlossen wurden. Dann konnten die Ergebnisse für Rückstände auf Bio-Lebensmitteln von 23% auf 13% gesenkt werden, während bei konventionellen Lebensmitteln kaum eine Änderung, von 73% auf nur 71%, zu beobachten war (ebd.). Dies zeigt die enormen Langzeitauswirkungen von schädlichen Pestiziden der Vergangenheit, welche im Voraus nicht ausreichend auf ihre Eigenschaften untersucht wurden. Die Zahlen zeigen, dass knapp die Hälfte aller Verunreinigungen in Bio-Lebensmitteln den Verunreinigungen von vergangenen Pestizideinsätzen zuzuschreiben ist. Der 2016 Report der Europäischen Behörde für Lebensmittelsicherheit (EFSA) bestätigt diese Werte, mit insgesamt 99,3% aller Bio-Lebensmittel im grünen Bereich: 13,5% befanden sich innerhalb der gesetzlichen Richtlinien und sogar 85,8% waren gänzlich frei von Pestiziden (Abb. 36). Lediglich bei 0,7% der Proben wurde der MRL-Wert überstiegen, im Vergleich zu 1,6% bei konventionellen Lebensmitteln. Die Erwartungen der Konsumenten können daher weitestgehend als erfüllt angesehen werden. Die generell geringen Verunreinigungen sind trotz der höher angelegten MRL-Werte – welche als ungefährliche Konzentration festgesetzt wurden – als wünschenswert anzusehen. Denn einige derzeit erlaubte Pestizide

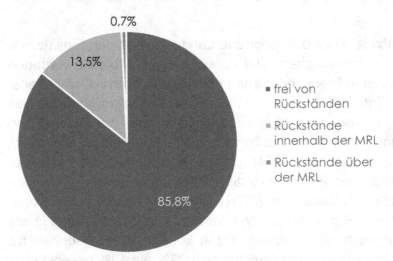

Abbildung 36: Pestizidrückstände auf Lebensmitteln (erstellt nach EFSA, 2016)

stehen noch immer in der Diskussion bezüglich ihrer Sicherheit, und auch die Erfahrungen der Vergangenheit haben uns zurecht etwas kritisch auf solche Mittel eingestimmt. Denn generell gilt bezüglich dem Einsatz und der Aufnahme von Pestiziden mit der Nahrung: Weniger ist besser!

5.2.6.2 Qualität

Nährstoffgehalt. Bio-Lebensmittel werden oftmals mit höherer Qualität sowie verbesserten Nährstoffgehalten in Verbindung gebracht. Tatsächlich trifft dies besonders auf verarbeitete Lebensmittel zu, da die Verarbeitung schonender abläuft als bei konventionellen Produkten (Borowski et al., 2009). Auch zu den Nährstoffgehalten haben Barański et al. (2014) in ihrer Meta-Analyse Ergebnisse gesammelt. So wurde eine signifikant höhere Aktivität (17%) und Konzentration (zwischen 18 und 69% höher) an Antioxidantien und wünschenswerten (Poly-)Phenolen in Bio-Lebensmitteln festgestellt, insbesondere bei Obst. Die Autoren folgern, dass ein Wechsel zu Bio-Produkten eine sehr hohe Auswirkung auf die Höhe der Aufnahme dieser Stoffe haben könnte, was mit Ernährungsempfehlungen übereinstimmt. Die Stoffe sollen hemmend auf bestimmte Krebsarten und chronische Krankheiten wirken und sind damit als wünschenswert einzustufen. Auch für einige Carotinoide und Vitamine wurden in Bio-Lebensmitteln höhere Konzentrationen festgestellt (ebd.), ein durchaus positives und den Erwartungen entsprechendes Ergebnis. Dagegen wurden jedoch weniger Proteine, Aminosäuren und Ballaststoffe, dafür aber höhere Werte für Kohlenhydratgehalte ermittelt. Die Autoren haben diese Ergebnisse als wenig relevant für Europäer und Nordamerikaner eingestuft, da in unserer Ernährung genügend Proteine und Aminosäuren zur Verfügung stehen. Dieser Ansatz ist jedoch kritisch zu betrachten, so können diese Gehalte für andere Länder sehr wohl von Bedeutung sein. Auch mit Blick auf die Zukunft und auf die Erwartungen der Kunden sind diese Ergebnisse sehr wohl als relevant einzustufen, werden doch Bio-Produkte als nährstoffreicher, besonders mit Blick auf Ballaststoffe, angepriesen.

Qualität. Bezüglich der Qualität haben Bio-Lebensmittel, besonders verarbeitete, einen großen Vorteil: Die Liste der erlaubten Zusatzstoffe ist für Bio-Produkte sehr kurz. Sie enthält lediglich 30 Zusatzstoffe, während in konventionellen Lebensmitteln über 500 erlaubt sind (Heaton, 2002). So sind in Bio-Produkten weniger wertmindernde Zusatzstoffe enthalten und das Allergiepotential ist deutlich gesenkt. Weiterhin enthalten Bio-Lebensmittel geringere Wassergehalte und eine damit verbundene höhere Nährstoffdichte sowie einen besseren Geschmack (Borowski et al., 2009). Zur Qualitätsbeurteilung werden zudem immer mehr ganzheitliche Ansätze verfolgt, welche zur Erfassung von Lebensmitteln als Ganzes dienen sollen, anstatt der Betrachtung von einzelnen Bestandteilen. Diese ergänzenden Qualitätsbeurteilungsmethoden werden verstärkt in Bio-befürwortenden Kreisen angewandt. Eine Methode mit derzeit besonders viel Aufmerksamkeit ist die Bio-Kristallisation, auch Kupferchloridkristallisation genannt. Sie soll *„die Gesamtheit der Lebenskräfte"* ins Bild bringen, anstatt einzelne Stoffe zu einem bestimmten Zeitpunkt zu betrachten (Henatsch, 2002). Natürlich wird aber auch hier ein Pflanzenteil zu einem bestimmten Zeitpunkt betrachtet. Denn bei der Methode werden Pflanzenextrakte einem wässrigen Extrakt Kupferchloridlösung zugegeben und anschließend auf einer Glasplatte auskristallisiert. Dabei formen sich für jede Pflanzenart spezifische kristalline Strukturmuster, welche je nach Reifezustand, Anbaumethode und Weiterverarbeitung variieren können (Heaton, 2002). Auf diese Weise werden organisierende Strukturen in lebenden Organismen sichtbar gemacht. Je intakter die Kristalle sind, desto intakter wird die Ordnungs- und Lebenskraft und somit die inhärente Qualität der Lebensmittel, die Vitalität, eingestuft. Tatsächlich zeigen Beobachtungen, dass die Kristallmuster umso zerstörter sind, je mehr künstliche Stoffeinträge beim Anbau der Pflanze verwendet wurden, und je mehr Zeit seit der Ernte vergangen ist (Heaton, 2002). So wurden Unterschiede zwischen ökologisch und konventionell angebauten Lebensmitteln beobachtet. Bio-Äpfel beispielsweise weisen komplexe, filigrane Kristallstrukturen auf, während konventionelle Äpfel nur noch Bruchstücke davon zeigen, wie Abbildung 37 zeigt.

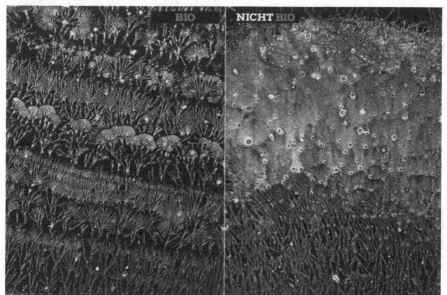

Abbildung 37: Biokristallisation eines Bio- und Nicht-Bio Apfels im Vergleich (Dänzer, 2014)

Die Unterschiede sind tatsächlich überwältigend. Doch stellt sich die Frage, wie sehr man auf Bildern zählen kann. Da die Methode besonders von Bio-Befürwortern unterstützt und durchgeführt wird, sind Vorurteile nicht ganz auszuschließen. Sicher ist, dass als Vorzeige-Beispiel immer nur die extremsten Befunde gezeigt werden.

Aber ob und wie stark diese manipuliert wurden, ist nicht nachzu-
weisen. So könnten bewusst die „richtigen" Pflanzen herausgepickt
worden sein, zum Beispiel durch Verwendung von verschiedenen
Reifestadien, um die Dramatik zu verstärken und mehr Menschen
für Bio-Produkte zu begeistern. Dennoch gibt es auch wissenschaftliche Veröffentlichungen von Blindexperimenten, in welchen über
bildschaffende Methoden – auch Biokristallisation – verschiedene
Proben den beiden Anbaumethoden zugeordnet werden sollten.
Diese Zuordnung war zu einem hohen Grad tatsächlich möglich
(Heaton, 2002). Es scheint also durchaus wissenschaftliche Beweise für gewisse Unterschiede zwischen Bio- und Nicht-Bio Lebensmitteln zu geben. So könnten Pestizidrückstände auf konventionellen Lebensmitteln die Molekülanordnung verändert haben.
Zusätzlich haben Hagel et al. (2000) die Ergebnisse von bildschaffenden und physikalisch-chemischen Parametern miteinander
verglichen und eine oftmals sehr hohe und signifikante Korrelation
zwischen Trockenmasse, Mineral- und Nitratgehalt und den Eigenschaften der bildschaffenden Methoden festgestellt. Die Autoren
schätzen diese Methode daher als ein geeignetes Instrument zur
Qualitätsbeurteilung ein. Dennoch sind die Mechanismen für die
Unterschiede noch nicht ganz verstanden. Weiterhin ist auch die
Signifikanz der Abweichungen unklar, sodass es derzeit keinerlei
wissenschaftlichen Beweis dafür gibt, dass die Unterschiede tatsächlich Qualitätsverbesserungen bedeuten oder ein höheres Or-
ganisationsvermögen wirklich die Vitalität einer Pflanze reflektiert
und besser für die Gesundheit der Konsumenten ist (Heaton, 2002).

5.2.6.3 Landwirte

Durch den verringerten Einsatz von Pestiziden und Düngemitteln ist die Gesundheit der Landwirte durch Vergiftungen weniger
gefährdet. Des Weiteren ist der Ökolandbau seinen Werten nach
stark sozial orientiert, sodass auf das Wohl der Mitarbeiter ganz

besonders geachtet wird. Oftmals arbeiten Bio-Produzenten mit Fairtrade-Organisationen zusammen. Einige Bio-Marken bieten eigene Siegel an, die eine faire Zusammenarbeit mit den Erzeugern insbesondere aus Entwicklungsländern garantieren sollen (wie z.B. die Marke „Rapunzel" mit ihrem Siegel „Hand in Hand").

5.3 Problematik

Der ökologische Landbau hat vielerlei Vorteile gegenüber dem konventionellen Anbau. Dennoch gibt es einige Punkte, welche kritisch zu betrachten sind und noch Raum für Verbesserungen lassen.

5.3.1 Weltproduktion

Die größte und meist diskutierte Problematik der ökologischen Landwirtschaft ist die geringere Ernte. Im Schnitt fällt die Ernte um 20% geringer aus als bei der konventionellen Landwirtschaft (Mäder et al., 2002; Mondelaers et al., 2009). Dies wird von vielen Autoren als weniger dramatisch angesehen, da in Europa keine Knappheit an landwirtschaftlicher Fläche und Nahrungsressourcen herrscht und somit der Verlust nicht von Bedeutung sei (z.B. Borowski et al., 2009). Zudem reiche die ökologische Landwirtschaft aus, die derzeitige Weltbevölkerung zu ernähren (Rahmann, 2003). Dies sind jedoch ziemlich egoistische bzw. nicht langfristige Denkweisen. In anderen Ländern der Erde gibt es bereits zu wenig Fläche, um die Bevölkerung mit den eigenen Ressourcen ernähren zu können. Zudem wird die Bevölkerung in nur 35 Jahren um gute 2 Milliarden Menschen anwachsen (siehe Kapitel 2), was zu einer extremen Nahrungsmittelknappheit bei ausschließlich ökologischer Bewirtschaftung führen würde. Die 20% mehr Ertrag sind in einigen Jahren also sehr wohl von Belang, und auch schon heute in vielen Ländern der Erde wichtig. Tabelle 6 zeigt die (je nach Standort und Pflanze stark schwankenden) Unterschiede zwischen ökologischen und konventionellen Ernteerträgen.

Tabelle 6: Ökologische Ernteerträge in Prozent der konventionellen Referenzerträge (erstellt nach Niggli et al., 2008)

	CH	AT	DE	IT	FR
Weizen	64-75	62-67	58-63	78-98	44-55
Gerste	65-84	58-70	62-68	55-94	70-80
Hafer	73-94	56-75		88	
Mais	85-88		70	55-93	66-80
Ölsaaten	83	78-88	60-67	48-50	67-80
Kartoffeln	62-68	39-54	54-69	62-99	68-79

So kann ökologischer Weizen zwischen 58% (niedrigster Wert für Deutschland) und 98% (höchster Wert für Italien) der konventionellen Ernte erreichen. Verbesserungen sind also möglich, und oftmals gibt es noch viel Luft nach oben. Die erreichten Erträge variieren je nach Pflanze, Landwirt, Ort, Fruchtfolge etc., und die Ergebnisse verschiedener Studien können sehr unterschiedlich ausfallen. Besonders die fehlenden Pflanzenschutzmaßnahmen führen oftmals zu hohen Ernteausfällen und stellen somit das Hauptproblem der ökologischen Landwirtschaft dar. Denn die Schädlingskontrolle über Fruchtwechsel und Nützlinge ist zwar oftmals gut möglich, jedoch gibt es nicht in allen Bereichen Möglichkeiten zur biologischen Kontrolle. Dann müssen Verluste in Kauf genommen werden. So ist bei Kartoffeln und Äpfeln die Schädlings- und Krankheitskontrolle eines der größten Probleme für den Ertragserfolg (Pimentel et al., 2005). Auch der Baumwollkapselbohrer stellt ein Problem dar, denn er kann in beinahe allen Kulturpflanzen vorkommen, weshalb ein Fruchtwechsel keine erfolgreiche Methode darstellt (Ronald und

Adamchak, 2008). Und besonders bei feuchten Bedingungen ist die Unkrautkontrolle ohne chemische Hilfe sehr schwierig (Pimentel et al., 2005). In diesen Bereichen sind dringend neue Methoden erforderlich. Weiterhin können bei intensiver Bewirtschaftung dauerhaft Nahrungsmittelpflanzen angebaut werden, während beim Fruchtwechsel die Zwischenfrüchte nicht geerntet werden. Auch dies ist eine Ursache für die niedrigere Ernte. Trotzdem sorgen Zwischenfrüchte für einen langfristigen Gewinn, wie Ronald und Adamchak (2008) erklären: Denn sie bieten dem Boden so viel, dass die Verluste auf lange Sicht ausgeglichen werden. Besonders bezüglich des Stickstoffgehalts im Boden spielen sie eine entscheidende Rolle für den Ernteerfolg. Pimentel et al. (2005) erklären, dass in den ersten drei Jahren des Öko-Anbaus mit Stickstoffknappheit und daraus folgenden Ernteverlusten zu rechnen ist, diese aber durch den Einsatz von Wirtschaftsdüngern sowie den Anbau von Leguminosen nach einer gewissen Zeit ausgeglichen werden kann. Nach der Übergangsphase bei der Umstellung der Felder sind die Ernten von Soja und Mais dann bei allen Anbauarten gleich hoch (ebd.). Die biologische Bewirtschaftung erfolgt somit langfristig orientiert; Nachhaltigkeit ist eine der Hauptstärken der ökologischen Landwirtschaft. Bei manchen Pflanzen können also gleich hohe Ernten erreicht werden wie mit konventionellem Anbau, während gleichzeitig aufgrund der Düngemitteleinsparung 30% weniger Energie verbraucht wird (ebd.)! So berichten Badgley et al. (2007) in einer Zusammenfassung mehrerer Studien von einer durchschnittlichen Ernte von 92% in Industrieländern. Dabei wurden in den meisten Bereichen gleiche Ernteerträge erreicht, und nur in einigen Kategorien wie stärkehaltigen Wurzeln, Hülsenfrüchten und Gemüse liegen die durchschnittlichen Erträge zwischen 82 und 89%. Dies liegt laut Autoren nur gering unter den derzeit verfügbaren Kalorien pro Kopf und könnte somit die momentane Weltbevölkerung ernähren. In vielen Entwicklungsländern haben Bio-Methoden sogar hohe Vorteile gegenüber den derzeitigen konventionellen

Arbeitsweisen, da die landwirtschaftlichen Böden dort durch jahre-
lange Bearbeitung, synthetische Düngemittel und Pestizidrückstände degradiert sind (ebd.). So würde die Ernte in diesen Ländern
verglichen zur derzeit produzierten Nahrungsmenge zu über 50%
ansteigen. Die Autoren rechnen mit 180% der derzeitigen Erträge,
sodass die Bio-Landwirtschaft genügend Nahrung für eine sogar
noch wachsende Population zur Verfügung stellen könnte, ohne
dass die landwirtschaftlichen Flächen erweitert werden müssten
(Badgley et al., 2007). Auch viele andere Studien berichten von Ertragssteigerungen durch ökologischen Landbau in schwierigen An-
baugebieten. So konnte das „SAFE-World" Projekt für 96 Standorte
zusätzliche Erträge der Nahrungsmittelproduktion pro Haushalt erreichen (Brot für die Welt und Greenpeace e.V., 2001). Für 4,42 Millionen Landwirte auf 3,58 Millionen Hektar stieg die durchschnittliche Nahrungsmittelproduktion pro Haushalt um 1,71 Tonnen pro
Jahr. Dies entspricht einem Anstieg um ganze 73%! Die 146.000
Landwirte, welche Knollen- und Wurzelfrüchte wie Kartoffeln, Süß-
kartoffeln und *Kassava* auf 542.000 Hektar anbauten, erreichten
eine Produktionssteigerung von sogar 150%, was einer Mehrpro-
duktion von 17 Tonnen pro Jahr entspricht. Die Studie umfasst Pro-
jekte in Afrika, Asien und Lateinamerika und konzentriert sich damit
auf Kleinbauern und mittlere Betriebe in den Ländern, in welchen
Nahrungsmittel auch am dringendsten gebraucht werden. Besonders auf weniger fruchtbaren Böden liegen enorme Potentiale für
eine nachhaltige Öko-Landwirtschaft, da die industrielle Landwirtschaft bislang nur zur Degeneration der wenigen noch guten Böden
beiträgt (ebd.). Damit ist der Ökolandbau an manchen Orten tatsächlich die bessere Methode hinsichtlich der Ernteerträge. Wichtig
ist dabei das richtige Anbaumanagement, sodass Schulungen und
differenziertes Wissen der Landwirte unbedingt erforderlich sind. In
den Industrieländern, welche oftmals gute Anbaubedingungen haben, gilt es, die Erträge der Bio-Landwirtschaft zu erhöhen und da-

bei deren positive Effekte nicht zu verlieren. Dafür ist eine Verbesserung des Nährstoff-Managements, die Stärkung der Konkurrenzkraft von Kulturpflanzen sowie die Zucht von geeigneten Sorten nötig (Borowski et al., 2009). Besonders in diesen Bereichen könnte der Einsatz von gentechnischen Methoden durchaus sinnvoll sein, und die Vereinigung der beiden Bereiche zu enormen Fortschritten führen.

5.3.2 Umwelt

Der Bio-Anbau als gilt besonders umweltfreundliche Wirtschaftsweise. Tatsächlich gibt es aber auch hier Umweltbelastungen, welche im konventionellen Bereich geringer ausfallen. So werden Kupferspritzungen stärker eingesetzt als beim konventionellen Anbau, da der Einsatz von synthetischen Pflanzenschutzmitteln verboten ist und daher keine Alternativen zur Verfügung stehen. Der Einsatz von Kupfer ist viel diskutiert und wird besonders kritisch betrachtet. Denn er ist extrem umweltbelastend, während einige konventionell eingesetzte Pestizide weniger schädlich sein können. Seit 1985 wird Kupfer als Fungizid genutzt. Besonders beim Weinbau und in Hopfenfeldern wird Kupfer gegen Falschen Mehltau, im Apfel- und Birnbau gegen Schorf und bei Kartoffeln gegen Kraut- und Knollenfäule verstärkt als eingesetzt (Jänsch et al., 2009; Kühne und Freidrich, 2002). In der gesamten Landwirtschaft liefert der Hopfenbau mit 4-7 kg pro Hektar und Jahr die höchsten Kupfereinträge (Kühne et al., 2009). Problematisch daran ist, dass das Schwermetall nicht degradiert und daher in vielen landwirtschaftlichen Böden hohe Levels zu finden sind. Der Kupfer-einsatz passt daher eigentlich nicht zu den Prinzipien des Bio-Anbaus. Der Anbauverein Bioland erklärt dazu: „Ohne Kupfer geht es nicht" (Romlewski, 2016). Denn ohne Kupfer seien die Einbußen zu hoch, und die Produktion wäre unrentabel. Ein Verzicht würde daher zum Rückgang des Ökolandbaus führen. Dennoch ist der Einsatz von

Kupfer nicht grenzenlos gestattet: Die EG-Öko-Verordnung schreibt eine Höchstmenge von 6 kg/ha vor, private Anbauvereine in Deutschland gestatten je nach Pflanze sogar nur 3-4 kg/ha (Kühne et al., 2009). Tatsächlich stammen laut Umweltbundesamt im Jahr 2000 nur 10% des gesamten Kupfereintrages in deutsche Böden überhaupt aus Pflanzenschutzmitteln, und von diesen 300 t sind lediglich 20 t dem Bio-Landbau zuzuordnen (Jänsch et al., 2009). Im Jahr 2008 stieg diese Zahl auf 34 t im Bio-Landbau an, jedoch hat auch hier die konventionelle Landwirtschaft mit knapp 290 t einen 10-Mal höheren Eintrag (Kühne et al., 2009). Denn der Einsatz von Kupfermitteln ist nicht nur im ökologischen Landbau beliebt. Auch konventionelle Obstbauern und Winzer setzen darauf, da die Pilze im Gegensatz zu synthetischen Pestiziden keine Resistenzen gegen Kupfer ausbilden können (Romlewski, 2016). Doch auch der unterschiedliche Flächenanteil beider Bewirtschaftungsweisen muss beachtet werden. Der konventionelle Anbau in Deutschland umfasst die knapp 15-fache Fläche, sodass die Einträge pro Hektar noch immer niedriger sind. Die höchsten Mengen jedoch, nämlich die restlichen 90% der Kupfereinträge, welche nicht aus Pflanzenschutzmitteln stammen, gelangen über Wirtschaftsdünger (2300 t/ha/Jahr) und Klärschlamm (450 t/ha/Jahr) in die Böden (Kühne und Freidrich, 2002). Da der Bio-Landbau intensiv mit diesen Methoden düngt, schneidet er auch hier schlechter ab als die konventionelle Landwirtschaft. Doch wird die erlaubte Höchstmenge bei vielen Verbänden geregelt, während es bislang noch immer keine eindeutige gesetzliche Regelung für den konventionellen Gebrauch gibt (siehe Kapitel 3.4.1). Die derzeitige Kupferkonzentration im Boden liegt je nach geographischer Lage zwischen 13 und 45 mg/kg (Jänsch et al., 2009). Die Mobilität von Kupfer ist nur sehr gering, daher ist es vor allem in der obersten Bodenschicht zu finden. Eine gefährliche Konzentration wurde auf 55 mg/kg eingestuft: Ab dieser Menge werden Bodenorganismen signifikant geschädigt (ebd.). Besonders Regenwürmer reagieren sehr sensibel auf Kupfer. Die

Anwendung von Kupfer über lange Zeiträume birgt daher Umweltrisiken, und Alternativen für den Ökolandbau sind dringend erforderlich.

5.3.3 Gesundheit

Auch wenn Bio-Lebensmittel als gesünder gelten, kann auch hier eine unbeabsichtigte Toxizität in den Produkten vorkommen. Durch den fehlenden Einsatz von Fungiziden kann z.b. bei frisch geerntetem Getreide das Mutterkorn auftreten, welches eine hohe Toxizität durch enthaltene Mykotoxine aufweist (Haber und Salzwedel, 1992). Die sorgfältige Entfernung beim Mähdrusch und bei der Getreideverarbeitung ist folglich erforderlich. Das Kontaminationsrisiko ist insgesamt höher als bei konventionellem Getreide und abhängig von der Sorgfalt bei Erzeugung, Transport und Lagerung.

5.4 Diskussion

Der ökologische Landbau bietet in vielerlei Hinsicht Vorteile, besonders für Umwelt und Böden. Es ist eine naturnahe und nachhaltige Bewirtschaftungsform und gibt definitiv wichtige Impulse für die Zukunft, welche auch für den konventionellen Anbau geeignet sein können. Denn ein Umdenken ist für eine zukünftige Ernährungssicherung dringend vonnöten. Zudem ist die biologische Landwirtschaft wissenschaftlich fundiert und nicht nur eine Philosophie mit viel Hokuspokus, wie von manchen behauptet. Beispielsweise ist eine genaue Erforschung der Lebenszyklen von Schädlingen nötig, um entsprechende Prädatoren für den Nützlingseinsatz ausfindig zu machen. Dennoch gibt es bislang für viele problematische oder fehlende Methoden zum Pflanzenschutz noch keine befriedigenden Lösungen. Daher erfordert die Öko-Landwirtschaft eine eigene Grundlagenforschung, welche sich intensiv mit den spezifischen

Problemen des Bio-Anbaus beschäftigt. Denn zur Optimierung müssen komplexe Wechselwirkungen in den Ökosystemen verstanden werden: Spezifische Schädlingsbekämpfungen, anzubauende Kultursorten und andere Maßnahmen wie Düngemitteleinsatz müssen an lokale Bedingungen und Standorte angepasst sein, was sehr viel weiterführendes und spezialisiertes Wissen erfordert. Die Effektivität der ökologischen Methoden hat sich vielmals bestätigt, so haben auch konventionelle Landwirte einige Maßnahmen übernommen, welche sich als sinnvoll bewiesen haben (Ronald und Adamchak, 2008). Die langfristige Förderung der Forschung und Ausbreitung des Ökolandbaus ist durchaus zu unterstützen, und sollte über eine Wissensanreicherung durch die Verknüpfung von Forschung, Politik und Landwirtschaft gefestigt werden.

6 Fazit

Die Herausforderungen einer nachhaltigen Landwirtschaft sind vielfältig und komplex. Die Handlungen der Landwirte haben weitgreifende Auswirkungen auf die Umwelt im Sinne von Biodiversität, Boden, Klima und vieles weitere. Gleichzeitig müssen Ernteerträge gesichert werden, um ausreichend Nahrungsmittel für unsere Weltbevölkerung bereitzustellen. Ein Gleichgewicht zwischen all diesen Anforderungen zu finden ist, wie in dieser Arbeit ausführlich dargestellt wurde, sehr schwer. Beides, GVPs und Ökolandbau, können zu Verbesserungen im Vergleich zu den Handlungsweisen der konventionellen Landwirtschaft führen. Diese hat in der Vergangenheit hohe Ertragssteigerungen erreicht, ist jedoch für die modernen und besonders für zukünftige Anforderungen nicht mehr zielführend. Die konventionelle Landwirtschaft verursachte in der Vergangenheit sowie auch heute noch zu große Schäden in unserer Natur, und auch deren größte Stärke, die Ertragssteigerung, neigt sich dem Ende zu. So werden Alternativen immer dringender benötigt. Leider ist der einfache Weg oftmals kein guter. Hoch wirksame Pestizide sind meist extrem umweltschädigend und sollten aufgrund ihrer zu starken negativen Nebeneffekte nicht eingesetzt werden. Oftmals ist der vermeintlich umständlichere Weg daher der Nachhaltigere, wie es die ökologische Landwirtschaft gezeigt hat. Denn die ökologische Bewirtschaftung erfordert viel Wissen über Stoffkreisläufe oder die Lebenszyklen von Schädlingen, zudem werden genaue Kenntnisse über den Standort und vieles Weitere erfordert. Je größer das Wissen über solch komplexe Vorgänge, desto besser kann die Bewirtschaftung an die Begebenheiten angepasst werden und desto umweltfreundlicher ist sie. Die Kenntnisse der Landwirte über wissenschaftliche Forschung, Förderung derselben und die Auseinandersetzung mit alternativen Handlungsmöglichkeiten sind daher Schlüsselpunkte für eine nachhaltige Landwirtschaft und sollten in

© Springer Fachmedien Wiesbaden GmbH, ein Teil von Springer Nature 2020
K. Kellermann, *Die Zukunft der Landwirtschaft*, BestMasters,
https://doi.org/10.1007/978-3-658-30359-4_6

allen Bereichen zusammengeführt und optimiert werden. Die tech-
nologische Effizienz der konventionellen Landwirtschaft sowie der
Gentechnik sollte mit der besseren Umweltverträglichkeit und Nachhaltigkeit des Ökolandbaus verbunden werden. Die biologische
Landwirtschaftsform trägt dazu bei, auch in Zukunft ein Gleichgewicht im Ökosystem zu erreichen bzw. beizubehalten. Ein vorbeugender und umweltverträglicher Pflanzenschutz sollte auch bei
GVP-basierter und konventioneller Landwirtschaft stärker beachtet
werden. Wiederum sollten im ökologischen wie auch vielerorts im
konventionellen Bereich neue Technologien nicht aufgrund von
Prinzipien abgelehnt werden. Um die Ziele einer ausreichenden,
umweltverträglichen und gesunden Ernährung auch in Zukunft zu
erreichen, müssen alle verfügbaren Mittel eingesetzt werden. Die
Diskussion um Leitbilder muss endlich ein Ende finden, um ein ob-
jektiv sinnvolles und bestmögliches Bewirtschaften für die Menschheit und unsere Erde zu verwirklichen. Dabei wäre das Zusammen-
führen der besten Methoden aus allen Bereichen die sinnvollste
Lösung, da jede Form ihre Schwächen aufweist. Die Gentechnik
sollte an jener Stelle genutzt werden, an welcher sie zu Verbesserungen führen kann. Derzeit werden GVPs leider nicht immer richtig
eingesetzt, da sie in vielen Kreisen abgelehnt werden. Dabei könnte
gerade die ökologische Landwirtschaft dabei helfen, GVPs richtig
einzusetzen. Denn um gentechnische Möglichkeiten auch sinnvoll
auszuschöpfen, müssen die richtigen Zuchtziele gesetzt werden
und die Pflanzen auf eine sinnvolle und nachhaltige Weise eingesetzt werden. Auf diese Weise könnten viele Erfolge für Umwelt,
Klima, Gesundheit und Nachhaltigkeit erzielt werden. Denn nicht die
Art und Weise der Herstellung ist entscheidend, sondern welche Eigenschaften die Pflanze anschließend besitzt und wie sie eingesetzt
wird. *„Auf dieselbe Weise, wir die Einführung von Genen aus wilden
Arten durch Züchtung das Schädlingsmanagement der Landwirte
revolutionierte, so kann die Einführung von Genen durch Gentech-*

nologie die Kontrolle von Krankheiten, Insekten und Nematoden revolutionieren, für welche es derzeit keine biologische Lösung gibt." (Ronald und Adamchak, 2008, Übersetzung KK). Das Besprühen von Nutzpflanzen mit Bt-Toxin zum Beispiel ist zwar eine natürliche und umweltschonendere Lösung als manch anderes Pestizid, jedoch werden auch die Insekten auf benachbarten Arealen geschädigt. Die direkte Expression des Toxins in den Pflanzen dagegen verhindert das Abdriften und ist somit noch umweltfreundlicher. Um das Bewusstsein für die Folgen ihrer Handlungen zu verbessern, sollten die Kosten für Umweltverschmutzungen von denjenigen finanziert werden, welche den Schaden angerichtet haben. Dieses sogenannte Verursacherprinzip könnte Landwirte zu mehr Nachhaltigkeit anregen. Andererseits kennen viele Agrarwirte nichts anderes ihre routinierten Methoden, sind nicht ausreichend informiert über Alternativen. Stattdessen empfiehlt sich eine Vorgehensweise, bei welcher ihnen die Auswirkungen erklärt werden und eine Umstellung der Routinen gefördert wird. Landwirten – aber auch Konsumenten – müssen sich den Auswirkungen ihrer Handlungen bewusst werden, sodass der Gedanke vom „kleinen Mann", welcher sowieso nichts ändern kann, aufgelöst wird. Denn *„wenn viele kleine Leuten an vielen kleinen Orten viele kleine Dinge tun, werden sie die Welt verändern"* (Zukunftsstiftung Landwirtschaft, 2013). Die generell negative öffentliche Darstellung der Landwirte löst die Probleme nicht. Vielmehr sollte Ihnen Hilfe angeboten werden, um ihre Umweltbilanz zu verbessern. Es muss mit den Landwirten geredet werden, anstatt über sie. Neben theoretischen Kenntnissen ist besonders auch die Bereitstellung von praktischen Handlungskonzepten wichtig. Ein solches Miteinander ist durchaus besser als das oftmals herrschende Gegeneinander im Konkurrenzkampf um die beste Bewirtschaftungsform. Besonders in Bio-Vereinen, mit ihrer sozialen Orientierung, helfen sich Verein und Mitglieder untereinander und geben hier (zumindest intern) bereits ein gutes Vorbild.

Weitere Forschung und praktische Umsetzungspläne zur Förderung einer gemeinschaftlichen Landwirtschaft, in welcher jeweils die positiven Aspekte der einzelnen Bereiche kombiniert werden, wären ein großer Schritt zur Umsetzung einer umwelt- und klimafreundlichen Landwirtschaftsweise, welche die Gesundheit der Menschen und gleichzeitig die Ernährung der steigenden Weltbevölkerung sichern kann.

7 Literatur

(2008): Verordnung (EG) Nr. 889/2008 der Kommission vom 5. September 2008 mit Durchführungsvorschriften zur Verordnung (EG) Nr. 834/2007 des Rates über die ökologische/biologische Produktion und die Kennzeichnung von ökologischen/biologischen Erzeugnissen hinsichtlich der ökologischen/biologischen Produktion, Kennzeichnung und Kontrolle.

Ammer, U., R. Detsch, U. Schulz (1995): Konzepte der Landnutzung. Forstwissenschaftliches Centralblatt 114, 1/1995, S. 107–125.

Andow, D. A. (2003): UK farm-scale evaluations of transgenic herbicide-tolerant crops. Nature Biotechnology, Volume 21, Number 12/2003, S. 1453–1454.

Apse, M. P., E. Blumwald (2002): Engineering salt tolerance in plants. Current Opinion in Biotechnology 13, 2/2002, S. 146–150.

Arncken, C., A. Thommen (2002): Biologische Pflanzenzüchtung - Beitrag zur Diskussion der Züchtungsstrategien im Ökolandbau, Frick (CH).

Badgley, C., J. Moghtader, E. Quintero, E. Zakem, M. J. Chappell, K. Avil?s-V?zquez, A. Samulon, I. Perfecto (2007): Organic agriculture and the global food supply. Renewable Agriculture and Food Systems 22, 02/2007, S. 86–108.

Baker, B. P., C. M. Benbrook, E. Groth, K. Lutz Benbrook (2002): Pesticide residues in conventional, integrated pest management (IPM)-grown and organic foods: insights from three US data sets. Food additives and contaminants 19, 5/2002, S. 427–446.

Balzer, F., D. Schulz (2014): Umweltbelastende Stoffeinträge aus der Landwirtschaft. Möglichkeiten und Maßnahmen zu ihrer Minderung in der konventionellen Landwirtschaft und im ökologischen Landbau. Abrufbar unter http://www.umweltbundesamt.de/publikationen/umweltbelastende-stoffeintraege-aus-der.

© Springer Fachmedien Wiesbaden GmbH, ein Teil von Springer Nature 2020
K. Kellermann, *Die Zukunft der Landwirtschaft*, BestMasters,
https://doi.org/10.1007/978-3-658-30359-4

Barański, M., D. Srednicka-Tober, N. Volakakis, C. Seal, R. Sanderson, G. B. Stewart, C. Benbrook, B. Biavati, E. Markellou, C. Giotis, J. Gromadzka-Ostrowska, E. Rembiałkowska, K. Skwarło-Sońta, R. Tahvonen, D. Janovská, U. Niggli, P. Nicot, C. Leifert (2014): Higher antioxidant and lower cadmium concentrations and lower incidence of pesticide residues in organically grown crops: a systematic literature review and meta-analyses. The British journal of nutrition 112, 5/2014, S. 794–811.

Bayer CropScience Deutschland GmbH (2017): Bayer: Science For A Better Life. Abrufbar unter www.bayer.de.

Bayerische Landesanstalt für Landwirtschaft (LfL) (2009): Wirtschaftsdünger und Gewässerschutz. Lagerung und Ausbringung von Wirtschaftsdüngern in der Landwirtschaft.

Bayrische Landesanstalt für Landwirtschaft (LfL) (2006): Pflanzenzüchtung. Von der klassischen Züchtung bis zur Biotechnologie.

Becker, H. (1993): Pflanzenzüchtung. 53 Tabellen. Ulmer, Stuttgart.

Becker, N., K. Heinze, M.-A. Reinbold (2013): CMS-Hybriden: Kennzeichnung und Ausstieg sind das Ziel. Abrufbar unter http://bio-markt.info/berichte/8349-CMS.html.

Belfrage, K., J. Björklund, L. Salomonsson (2005): The Effects of Farm Size and Organic Farming on Diversity of Birds, Pollinators, and Plants in a Swedish Landscape. AMBIO: A Journal of the Human Environment 34, 8/2005, S. 582–588.

Bengtsson, J., J. Ahnström, A.-C. Weibull (2005): The effects of organic agriculture on biodiversity and abundance. A meta-analysis. Journal of Applied Ecology 42, 2005.

bio verlag gmbh (2002): Öko-Saatgut und Hybridsorten. Schrot & Korn, 02/2002, S. 32–35.

Borowski, B., A. Gerber, P. Röhrig, D. Gräbnitz (2009): Nachgefragt: 28 Antworten zum Stand des Wissens rund um Öko-Landbau und Bio-Lebensmittel. Bund ökologische Lebensmittelwirtschaft (BÖLW) (Hg.), Berlin.

Bos, J.F.F.P., J. J. de Haan, W. Sukkel, R.L.M. Schils (2007): Comparing energy use and greenhouse gas emissions in organic and conventional farming systems in the Netherlands. In: Niggli, U., C. Leifert, T. Alföldi, L. Lück, H. Willer (Hrsg.): Improving Sustainability in Organic and Low Input Food Production Systems. Proceedings of the 3rd International Congress of the European Integrated Project Quality Low Input Food (QLIF), March 20 – 23, 2007.

Brot für die Welt, Greenpeace e.V. (2001): Ernährung sichern. Nachhaltige Landwirtschaft - eine Perspektive aus dem Süden. Brandes & Apsel, Frankfurt a.M.

Bundesamt für Verbraucherschutz und Lebensmittelsicherheit (BVL) (2017): Pflanzenstärkungsmittel. Abrufbar unter http://www.bvl.bund.de.

Bundesamt für Verbraucherschutz und Lebensmittelsicherheit (BVL) (2016): Absatz an Pflanzenschutzmitteln in der Bundesrepublik Deutschland. Ergebnisse der Meldungen gemäß § 64 Pflanzenschutzgesetz für das Jahr 2015, Braunschweig.

Bundesanstalt für Landwirtschaft und Ernährung (BLE) (2017): Ökolandbau.de. Das Informationsportal. Abrufbar unter https://www.oekolandbau.de/.

Bundesministerium für Ernährung und Landwirtschaft (BMEL) (2017a): Offizielle Website. Abrufbar unter http://www.bmel.de.

Bundesministerium für Ernährung und Landwirtschaft (BMEL) (2017b): Zukunftsstrategie ökologischer Landbau. Impulse für mehr Nachhaltigkeit in Deutschland, Berlin.

Bundesministerium für Ernährung und Landwirtschaft (BMEL) (2017c): Statistischer Monatsbericht Kapitel A. Nährstoffbilanzen und Düngemittel. Nährstoffbilanz insgesamt von 1990 bis 2015 (MBT-0111260-0000), Bonn.

Burke, M. (2003): Managing GM Crops with Herbicides. Effects on Farmland Wildlife.

Castiglioni, P., D. Warner, R. J. Bensen, D. C. Anstrom, J. Harrison, M. Stoecker, M. Abad, G. Kumar, S. Salvador, R. D'Ordine, S. Navarro, S. Back, M. Fernandes, J. Targolli, S. Dasgupta, C. Bonin, M. H. Luethy, J. E. Heard (2008): Bacterial RNA Chaperones Confer Abiotic Stress Tolerance in Plants and Improved Grain Yield in Maize under Water-Limited Conditions. Plant Physiology 147, 2/2008, S. 446–455.

Chemnitz, C., J. Weigelt (2015): Bodenatlas. Daten und Fakten über Acker, Land und Erde, Würzburg.

Dänzer, A. W. (2014): Die unsichtbare Kraft in Lebensmitteln, Bio und Nichtbio im Vergleich. Mit Einblick in gentechnisch veränderte Nahrungsmittel : Kristallisationsbilder aus der Forschung vom LifevisionLab von Soyana. Bewusstes Dasein, Schlieren-Zürich. Für mehr Info: www.bio-nichtbio.info

DEFRA (2004): Organic Food and Farming. Organic farming methods. Abrufbar unter http://webarchive.nationalarchives.gov.uk/20080306063930/http://www.defra.gov.uk/farm/organic/systems/method.htm.

Demeter e.V. (2017): demeter. Abrufbar unter https://www.demeter.de/.

Deutsche Stiftung Weltbevölkerung (2019): Weltbevölkerung. Entwicklung und Projektionen. Abrufbar unter https://www.dsw.org/.

Die Europäische Bürgerinitiative (2017): Verbot von Glyphosat und Schutz von Menschen und Umwelt vor giftigen Pestiziden. Abrufbar unter http://ec.europa.eu/citizens-initiative/public/initiatives/open/details/2017/000002.

Diepenbrock, W., F. Ellmer, J. Léon (2009): Ackerbau, Pflanzenbau und Pflanzenzüchtung. Eugen Ulmer, Stuttgart.

Dierauer, H. (2000): Merkblatt Abflammen. Forschungsinstitut für biologischen Landbau (FiBL), Frick.

EFSA (2016): Chemicals in food. Overview of selected data collection, Parma (Italien).

EFSA (2015): Chemische Stoffe in Lebensmitteln. Überblick über Datenerhebungsberichte, Parma (Italien).

Eudes, F. (Hrsg.) (2015): Triticale. Springer, Heidelberg New York.

European Commission (2015): EU Agricultural Outlook. Prospects for EU agricultural markets and income 2015-2025. Report.

FAO (2016): AQUASTAT database. Water withdrawal by sector, around 2010.

FAO/WHO (Hrsg.) (2016): Joint FAO/WHO Meeting on Pesticide Residues (JMPR). Summary Report.

Fernandez-Cornejo, J., W. D. McBride (2002): Adoption of Bioengineered Crops. Agricultural Economic Report, No. 810/2002.

Fließbach, A., H.-R. Oberholzer, L. Gunst, P. Mäder (2007): Soil organic matter and biological soil quality indicators after 21 years of organic and conventional farming. Agriculture, Ecosystems & Environment 118, 1-4/2007, S. 273–284.

Garg, A. K., J.-K. Kim, T. G. Owens, A. P. Ranwala, Y. D. Choi, L. V. Kochian, R. J. Wu (2002): Trehalose accumulation in rice plants confers high tolerance levels to different abiotic stresses. Proceedings of the National Academy of Sciences of the United States of America 99, 25/2002, S. 15898–15903.

Haber, W., J. Salzwedel (1992): Umweltprobleme der Landwirtschaft. Sachbuch Ökologie. J. B. Metzlersche Verlagsbuchhandlung und Carl Ernst Poeschel GmbH, Stuttgart.

Hagel, I., D. Bauer, S. Haneklaus, E. Schnug (2000): Quality Assessment of Summer and Autumn Carrots from a Biodynamic Breeding Project and Correlations of Physico-Chemical Parameters and Features Determined by Picture Forming Methods. In: Alföldi, T., W. Lockeretz, U. Niggli (Hrsg.): Proceedings 13th International IFOAM Scientific Conference, S. 284–287.

Hahlbrock, K. (2012): Kann unsere Erde die Menschen noch ernähren? Bevölkerungsexplosion - Umwelt - Gentechnik. Fischer-Taschenbuch-Verl., Frankfurt am Main.

Hassan, S. A., R. Albert, W. M. Rost (1993): Pflanzenschutz mit
Nützlingen. Im Freiland und unter Glas. (Ulmer Fachbuch: Landwirtschaft und Gartenbau). Ulmer, Stuttgart.

Hayhow, D. B., F. Burns, M. A. Eaton, N. Al Fulaij, T. A. August, L.
Babey, L. Bacon, C. Bingham, J. Boswell, K. L. Boughey, T.
Brereton, E. Brookman, D. R. Brooks, D. J. Bullock, O. Burke,
M. Collis, L. Corbet, N. Cornish, S. de Massimi, J. Densham, E.
Dunn, S. Elliott, T. Gent, J. Godber, S. Hamilton, S. Havery, S.
Hawkins, J. Henney, K. Holmes, N. Hutchinson, N.J.B. Isaac, D.
Johns, C. R. Macadam, F. Mathews, P. Nicolet, D. G. Noble, C.
L. Outhwaite, G. D. Powney, P. Richardson, D. B. Roy, D. Sims,
S. Smart, K. Stevenson, R. A. Stroud, K. J. Walker, J. R. Webb,
T. J. Webb, R. Wynde, R. D. Gregory (2016): State of Nature
2016. The State of Nature partnership.

Heaton, S. (2002): Organic farming, food quality and human
health. A review of the evidence. Soil Association. Severnprint,
Bristol.

Heinloth, K. (2011): Energie für unser Leben: Nahrung, Wärme,
Strom, Treibstoffe (früher - derzeit - künftig). In: Martienssen,
W., D. Röß (Hrsg.): Physik Im 21, Jahrhundert. Essays Zum
Stand Der Physik. Springer Verlag, Berlin, Heidelberg, S. 227–
263.

Henatsch, C. (2002): Fragen des biologisch-dynamischen Landbaus an die Züchtung unter besonderer Berücksichtigung der
Nahrungsmittelqualität. In: Kühne, S., B. Freidrich (Hrsg.): Hinreichende Wirksamkeit von Pflanzenschutzmitteln im ökologischen Landbau, Saat-und Pflanzgut für den ökologischen Landbau. Berichte aus der Biologischen Bundesanstalt 95. Saphir
Verlag, Ribbesbüttel, S. 44–51.

Hoffman, F. (2014): Plants That Attract Beneficial Insects. The
Permaculture Research Institute. Abrufbar unter https://perma-
culturenews.org/2014/10/04/plants-attract-beneficial-insects/.

Hole, D. G., A. J. Perkins, J. D. Wilson, I. H. Alexander, P. V. Grice, A. D. Evans (2005): Does organic farming benefit biodiversity? Biological Conservation 122, 1/2005, S. 113–130.

Hübner, K. (2014): 75 Jahre DDT. Chemie in unserer Zeit 48, 3/2014, S. 226–229.

Huxdorff, C. (2017): Das Gülle-Problem. Flüssiger Wirtschaftsdünger gefährdet Umwelt und Trinkwasser. Abrufbar unter https://www.greenpeace.de/sites/www.greenpeace.de/files/publications/20170407-greenpeace-factsheet-guelle-problem-fleisch.pdf.

James, C. (2014): Global Status of Commercialized Biotech/GM Crops. ISAAA SEAsiaCenter, Ithaca, NY.

Jänsch, S., J. Römbke, T. Frische (2009): Einsatz von Kupfer als Pflanzenschutzmittel-Wirkstoff: Ökologische Auswirkungen der Akkumulation von Kupfer im Boden. Umweltbundesamt, Dessau-Roßlau.

Julius Kühn-Institut (2010): Ökologischer Landbau. Abrufbar unter http://oekologischerlandbau.julius-kuehn.de/.

Kempken, F., R. Kempken (2006): Gentechnik bei Pflanzen. Chancen und Risiken ; mit 18 Tabellen. Springer, Berlin [u.a.].

Key, S., J. K.-C. Ma, P. M. Drake (2008): Genetically modified plants and human health. Journal of the Royal Society of Medicine 101, 6/2008, S. 290–298.

Klingen, I., J. Eilenberg, R. Meadow (2002): Effects of farming system, field margins and bait insect on the occurrence of insect pathogenic fungi in soils. Agriculture, Ecosystems & Environment 91, 1-3/2002, S. 191–198.

Kuckuck, H., G. Kobabe, G. Wenzel (1985): Grundzüge der Pflanzenzüchtung. De Gruyter, Berlin [u.a.].

Kühne, S., B. Freidrich (Hrsg.) (2002): Hinreichende Wirksamkeit von Pflanzenschutzmitteln im ökologischen Landbau, Saat-und Pflanzgut für den ökologischen Landbau. Berichte aus der Biologischen Bundesanstalt 95. Saphir Verlag, Ribbesbüttel.

Kühne, S., J. Strassemeyer, D. Roßberg (2009): Anwendung kup-
ferhaltiger Pflanzenschutzmittel in Deutschland. Nachrichtenblatt
des Deutschen Pflanzenschutzdienstes 61, 4/2009, S. 126–130.

Landwirtschaftskammer Nordrhein-Westfalen, Landwirtschafts-
kammer Niedersachsen, Landwirtschaftskammer Schleswig-
Holstein, Landesamt für Landwirtschaft, Lebensmittelsicherheit
und Fischerei Mecklenburg-Vorpommern, Regierungspräsidium
Gießen – Pflanzenschutzdienst Hessen, Sächsisches Landes-
amt für Umwelt, Landwirtschaft und Geologie, Landesanstalt für
Landwirtschaft, Forsten und Gartenbau Sachsen-Anhalt (2012):
Clearfield®- Raps.

Lehesranta, S. J., H. V. Davies, L. V.T. Shepherd, N. Nunan, J. W.
McNicol, S. Auriola, K. M. Koistinen, S. Suomalainen, H. I.
Kokko, S. O. Kärenlampi (2005): Comparison of Tuber Proteo-
mes of Potato Varieties, Landraces, and Genetically Modified
Lines. Plant Physiology 138, 3/2005, S. 1690–1699.

Long, S. P., D. R. Ort (2010): More than taking the heat: crops and
global change. Current opinion in plant biology 13, 3/2010, S.
241–248.

Mäder, P., A. Fliessbach, D. Dubois, L. Gunst, P. Fried, U. Niggli
(2002): Soil fertility and biodiversity in organic farming. Science,
296/2002, S. 1694–1697.

Marshall, E. J. P., V. K. Brown, N. D. Boatman, P. J. W. Lutman,
G. R. Squire, L. K. Ward (2003): The role of weeds in supporting
biological diversity within crop fields. Weed Research 43,
2/2003, S. 77–89.

Meyer-Grünefeldt, M. (2015): Durch Umweltschutz die biologische
Vielfalt erhalten. Ein Themenheft des Umweltbundesamtes.

Mondelaers, K., J. Aertsens, G. van Huylenbroeck (2009): A meta-
analysis of the differences in environmental impacts between organic and conventional farming. British Food Journal 111,
10/2009, S. 1098–1119.

Moretto, A. (2008): Exposure to multiple chemicals. When and how to assess the risk from pesticide residues in food. Trends in Food Science & Technology 19, 2008, 56-63.

Müller, K.-J. (2002): Wege und Ziele einer ökologischen Pflanzenzüchtung – Aktueller Stand der internationalen Diskussion. In: Bundesanstalt für Züchtungsforschung an Kulturpflanzen (Hrsg.): Beiträge zur Züchtungsforschung, Quedlingburg, S. 24–26.

Nemali, K. S., C. Bonin, F. G. Dohleman, M. Stephens, W. R. Reeves, D. E. Nelson, P. Castiglioni, J. E. Whitsel, B. Sammons, R. A. Silady, D. Anstrom, R. E. Sharp, O. R. Patharkar, D. Clay, M. Coffin, M. A. Nemeth, M. E. Leibman, M. Luethy, M. Lawson (2015): Physiological responses related to increased grain yield under drought in the first biotechnology-derived drought-tolerant maize. Plant, cell & environment 38, 9/2015, S. 1866–1880.

Neuerburg, W., C. Schenkel (2013): EU-Verordnung Ökologischer Landbau. Eine einführende Erläuterung mit Beispielen. Erzeugung, Kontrolle, Kennzeichnung, Verarbeitung und Einfuhr von Öko-Produkten. Mit allen Gesetzes- und Verordnungstexten. creo Druck & Medienservice GmbH, Düsseldorf.

NFP 59 (2013): Grüne Gentechnik in der Schweiz. Chancen nutzen, Risiken vermeiden, Kompetenzen erhalten. Mattenbach AG, Winterthur.

NFP 59 (2012): Nutzen und Risiken der Freisetzung gentechnisch veränderter Pflanzen. Chancen nutzen, Risiken vermeiden, Kompetenzen erhalten. Programmsynthese NFP 59. Vdf Hochschulverlag AG an der ETH Zürich, Bern.

Niggli, U., H. Schmid, A. Fliessbach (2008): Organic Farming and Climate Change. FiBL, International Trade Centre, Genf.

Oerke, E. C., H. W. Dehne (1997): Global crop production and the efficacy of crop protection - current situation and future trends. European Journal of Plant Pathology 103, 3/1997, S. 203–215.

Patel, R., E. Holt-Gimenez, A. Shattuck (2009): Ending Africa's Hunger. The Nation, 2009.

Pfiffner, L., O. Balmer (2011): Organic Agriculture and Biodiversity. Fact sheet. Research Institute of Organic Agriculture (FiBL), Frick (CH).

Pimentel, D., P. Hepperly, J. Hanson, D. Douds, R. Seidel (2005): Environmental, Energetic, and Economic Comparisons of Organic and Conventional Farming Systems. BioScience 55, 7/2005, S. 573.

Presse- und Informationsamt der Bundesregierung (2013): Verbraucherschutz: Lebensmittel in Deutschland grundsätzlich gentechnikfrei.

Rahmann, G. (2003): Kann der Ökolandbau die Welternährung sichern? Bundesforschungsanstalt für Landwirtschaft. Landesbauforschung Völkenrode, SH258, 2003, S. 91–92.

Ray, D. K., N. D. Mueller, P. C. West, J. A. Foley (2013): Yield Trends Are Insufficient to Double Global Crop Production by 2050. PloS one 8, 6/2013, e66428.

Rockstrom, J., W. Steffen, K. Noone, A. Persson, F. S. 3. Chapin, E. F. Lambin, T. M. Lenton, M. Scheffer, C. Folke, H. J. Schellnhuber, B. Nykvist, C. A. de Wit, T. Hughes, S. van der Leeuw, H. Rodhe, S. Sorlin, P. K. Snyder, R. Costanza, U. Svedin, M. Falkenmark, L. Karlberg, R. W. Corell, V. J. Fabry, J. Hansen, B. Walker, D. Liverman, K. Richardson, P. Crutzen, J. A. Foley (2009): A safe operating space for humanity. Nature 461, 7263/2009, S. 472–475.

Roeckl, C., O. Willing (2006): Eine Aufgabe für alle. Ökologische Saatgutzüchtung und ihre Voraussetzungen. In: AgrarBündnis (Hrsg.): Der kritische Agrarbericht, München, S. 139–146.

Romlewski, J. (2016): Pflanzenschutz im Biolandbau. Ohne Kupfer geht es nicht. Bioland e.V. Abrufbar unter http://www.bioland.de/im-fokus/artikel/article/kupfer-im-biolandbau.html.

Ronald, P. C., R. W. Adamchak (2008): Tomorrow's Table. Organic Farming, Genetics, and the Future of Food. Oxford University Press, New York.

Sandermann, H. (1987): Pestizid-Rückstände in Nahrungspflanzen. Naturwissenschaften 74, 12/1987, S. 573–578.

Sanvido, O., M. Stark, F. Bigler (2006): Ecological impacts of genetically modified crops. Experiences from ten yers of experimental field research and commercial cultivation. Agroscope Reckenholz-Tänikon Research Station (ART), Zürich.

Sears, M. K., R. L. Hellmich, D. E. Stanley-Horn, K. S. Oberhauser, J. M. Pleasants, H. R. Mattila, B. D. Siegfried, G. P. Dively (2001): Impact of Bt corn pollen on monarch butterfly populations: a risk assessment. Proceedings of the National Academy of Sciences of the United States of America 98, 21/2001, S. 11937–11942.

Sengbusch, P. von (1996-2004): Protoplasten und Gewebekulturen als Modelle zum Studium der pflanzlichen Entwicklung. Abrufbar unter http://www1.biologie.uni-hamburg.de/b-online/d29/29.htm.

Shewry, P. R., H. D. Jones, N. G. Halford (2008): Plant Biotechnology: Transgenic Crops // Plant biotechnology. Transgenic crops. Advances in biochemical engineering/biotechnology 111, 2008, S. 149–186.

Shou, H., P. Bordallo, J.-B. Fan, J. M. Yeakley, M. Bibikova, J. Sheen, K. Wang (2004): Expression of an active tobacco mitogen-activated protein kinase kinase kinase enhances freezing tolerance in transgenic maize. Proceedings of the National Academy of Sciences of the United States of America 101, 9/2004, S. 3298–3303.

Sinemus, K., K. Minol (2004/2005): Grüne Gentechnik - ein Beitrag zur Nachhaltigkeit? mensch-umwelt (gsf), 17. Ausgabe/2004/2005, S. 45–50.

Snow, A. A., D. A. Andow, P. Gepts, E. M. Hallerman, A. Power, J. M. Tiedje, L. L. Wolfenbarger (2005): Genetically Engineered Organisms and the Environment. Current status and recommendations. Ecological Applications, Vol. 15, No. 2/2005, S. 377–404.

Stanley-Horn, D. E., G. P. Dively, R. L. Hellmich, H. R. Mattila, M. K. Sears, R. Rose, L. C. Jesse, J. E. Losey, J. J. Obrycki, L. Lewis (2001): Assessing the impact of Cry1Ab-expressing corn pollen on monarch butterfly larvae in field studies. Proceedings of the National Academy of Sciences of the United States of America 98, 21/2001, S. 11931–11936.

Teasdale, J. R., C. B. Coffman, R. W. Mangum (2007): Potential Long-Term Benefits of No-Tillage and Organic Cropping Systems for Grain Production and Soil Improvement. Agronomy Journal 99, 5/2007, S. 1297–1305.

The National Academies of Sciences (NAS) (2016): Genetically engineered crops. Experiences and prospects. National Academies Press, Washington, DC.

Tuomisto, H. L., I. D. Hodge, P. Riordan, D. W. Macdonald (2012): Does organic farming reduce environmental impacts? - A meta-analysis of European research. Journal of environmental management 112, 2012, S. 309–320.

United Nations (2015): World Population Prospects: The 2015 Revision. Key findings and advance tables. United Nations, New York.

van Horn, M. (1995): Compost Production and Utilization. A Grower's Guide. University of California Sustainable Agriculture Research and Education Program/University of California Division of Agriculture and Natural Resources. UCANR Publications, Davis.

Wehde, G., T. Dosch (2010): Klimaschutz & Biolandbau in Deutschland. Die Rolle der Landwirtschaft bei der Treibhausgasminderung. Biolandbau als Lösungsstrategie für eine klimaschonende Lebensmittelerzeugung, Mainz.

Weston, B., G. McNevin, D. Carlson (2012): Clearfield® Plus Technology in Sunflowers. Proc. XVIII Sunflower Conf., Mar del Plata-Balcarce, Argentina, 2012, S. 149–154.

Wilbois, K.-P. (2006): Zellfusion und die Prinzipien des Bio-Landbaus. Ökologie & Landbau, 138,2/2006, S. 17–19.

Willer, H., J. Lernoud (2017): The World of Organic Agriculture. Statistics and Emerging Trends 2017. FiBL & IFOAM, Rheinbreitbach.

World Food Programme (2017): WFP. Bekämpft den Hunger. Weltweit. Abrufbar unter http://de.wfp.org/.

Zhang, H. X., E. Blumwald (2001): Transgenic salt-tolerant tomato plants accumulate salt in foliage but not in fruit. Nature Biotechnology 19, 8/2001, S. 765–768.

Zukunftsstiftung Landwirtschaft (2013): Wege aus der Hungerkrise. Die Erkenntnisse und Folgen des Weltagrarberichts: Vorschläge für eine Landwirtschaft von morgen. Abl Verlag, Hannover.

Printed in the United States
By Bookmasters